生物资源的
开发利用技术及应用研究

高晓丽　温国琴◎著

西北工业大学出版社
西　安

【内容简介】 本书重点对植物、动物、海洋生物及微生物资源的开发与利用技术、工艺路线等进行了研究，并且介绍了生物资源开发利用中存在的问题及应采取的主要措施，对生物资源持续利用进行了展望。

本书内容丰富新颖，涵盖面广，概念清楚，层次分明，可供从事生物资源开发与利用、农副产品深加工与研发等工作的人员参考阅读。

图书在版编目 (CIP) 数据

生物资源的开发利用技术及应用研究 / 高晓丽，温国琴著 . — 西安 : 西北工业大学出版社 , 2022.2
　ISBN 978-7-5612-6437-9

　Ⅰ . ①生… 　Ⅱ . ①高… ②温… 　Ⅲ . ①生物资源 – 资源开发 – 研究 ②生物资源 – 资源利用 – 研究 　Ⅳ . ① Q-9

中国版本图书馆 CIP 数据核字（2022）第 033414 号

SHENGWU ZIYUAN DE KAIFA LIYONG JISHU JI YINGYONG YANJIU
生物资源的开发利用技术及应用研究
高晓丽　温国琴　著

责任编辑：朱晓娟　　　　　　　　　　装帧设计：马静静
责任校对：曹　江
出版发行：西北工业大学出版社
通信地址：西安市友谊西路 127 号　　　邮编：710072
电　　话：（029）88491757，88493844
网　　址：www.nwpup.com
印　刷　者：北京亚吉飞数码科技有限公司
开　　本：710 mm×1 000 mm　　　　1/16
印　　张：13.5
字　　数：245 千字
版　　本：2023 年 3 月第 1 版　　　2023 年 3 月第 1 次印刷
书　　号：ISBN 978-7-5612-6437-9
定　　价：70.00 元

前　言

　　生物资源是人类赖以生存的最重要的自然资源之一。它既是人类的食物源泉,也是人类生产的基本资源。现代工农业的快速发展和人口的急剧增长,大大增加了人类社会对生物资源的需求量,使生物资源不足的压力日益增大,供求矛盾非常突出。这一方面迫使人们不得不努力去寻找、开发新的资源种类,开拓新的资源途径;另一方面导致人们对某些资源盲目地开发利用,从而使其退化、枯竭并产生一系列影响人类生存的严重后果。因此,如何合理地开发利用和保护生物资源,已成为当今自然资源开发利用中需要解决的重大理论和实际问题之一,也是国土整治、区域开发和自然保护等实际工作中面临的具体问题。

　　近年来,随着生命科学、食品科学、现代营养学的发展,生物资源中新的活性物质、新的加工技术不断被揭示,为生物资源的开发利用拓宽了思路,展示了广阔的前景。生物资源主要包括植物资源、动物资源、微生物资源三大支柱。生物资源的开发包含两层意思:一是充分利用现有的生物资源进行深度的开发加工,提高附加值,增加经济效益;二是对生物资源加工的废弃物进行综合利用,科学加工,减少环境污染,变废为宝。

　　全书力求实用、先进、科学、合理,书中应用了营养学、生物化学、微生物学、食品工艺、生物制药等基本理论,综述了物理、化学、生物工程等现代工程技术手段,系统介绍了植物、动物、海洋生物及微生物等领域的资源情况和主要资源综合利用的技术,阐述了国内外研究的先进成果和应用前景,对植物资源的开发利用介绍得较为详细。

　　在撰写本书的过程中着重考虑了两个方面的内容:一是生物技术的现状与前瞻性的协调统一;二是基础理论与实际操作的协调统一。在章节安排与取舍时,考虑了我国生物资源的发展现状与潜力。本书具有以下特点:一是结构清晰、内容丰富,突出了综合性、科学性;二是内容新颖,查阅了大量文献资料,总结了近年来生物资源开发利用技术新的研究动向和成果,尽量为读者进一步进行科学研究提供参考;三是技术先进实用,强调生物资源的实际应用,促使读者用新的思维方式开展研究。

　　本书共5章,第1章绪论,介绍了生物资源的属性、分类、分布与开发现状等;第2章植物资源的开发利用技术,主要阐述了粮食作物、油料副产品、水果蔬菜、药用植物、野生植物等资源的开发利用；第3章动物资源的开发利用技术，主要阐述了焚烧处理技术、化制处理技术、湿法化制生物转化处理动物基质及药用动物资源利用实例；第4章海洋生物及微生物资源的开发利用技术，主要阐述了海洋生物资源及其利用和保护、微生物资源开发利用的一般程序、微生物资源开发利用的关键技术方法和微生物在污染治理方面的应用；第5章问题与展望，介绍了生物资源开发利用中存在的问题及应采取的主要措施，并对生物资源持续利用进行了展望。

本书由高晓丽、温国琴共同撰写，具体分工如下：

高晓丽(吕梁学院)：第1章、第2章2.1～2.4节、第5章，约12.0万字；

温国琴(朔州师范高等专科学校)：第2章2.5~2.8节、第3章、第4章，约12.5万字。

写作本书曾参阅了国内外学者在生物资源开发利用方面的研究成果和文献资料，在此向其作者表示诚挚的敬意和谢意。

由于水平有限，书中难免有疏漏和不妥之处，恳请读者批评指正。

著　者

2021 年 8 月

目　录

第1章 绪 论

1.1 生物资源的属性

在自然资源中,生物资源具有特殊的性质,它是具有生命的有机物。生物资源是生物进化的产物,是地球经过漫长的地质年代通过生物的进化、选择保留下来的天然财富,因此它有着与其他资源不同的特性。

1.1.1 生物资源的系统性

生物资源以生态系统的形式存在,更确切地说是以生物群落的形式存在。生物是不能单独生存的,总是形成个体、种群、群落(生态系统)这样三个层次的系统,也就是说生物资源具有结构上的等级性。

在一定区域内,所有的生物相互作用、相互联系构成生物群落。生物群落与非生物环境之间也有着能量、物质和信息的交流,相互作用,相互联系,因此也构成一个整体,即生物地理群落或生态系统。就是说,在一定的水热条件下,形成一定的土壤和植被,以及相应的动物和微生物群体。如果其中一个要素变化了,就会引起其他要素相应地变化,以至整个资源状态改变。例如,对植被的破坏就会造成水土流失,使土壤肥力降低,而土壤肥力的降低反过来又会引起植被的衰退和演替,同时使动物和微生物群体也发生变化。因此,我们必须全面考虑问题,对生物资源不要过度利用和破坏,以避免引起不良的连锁反应。

生态系统是一个开放系统,太阳能是它的主要能源,太阳能由于植物的光合作用以化学能形式被固定下来。

光合作用的过程通常用以下总方程式表示:

$$6CO_2 + 6H_2O \xrightarrow[\text{叶绿素}]{\text{太阳光能}} C_6H_{12}O_6 + 6O_2$$

植物吸收太阳能生成碳水化合物,从而形成生态系统的第一性生产。生态系统的第一性生产是其他生物赖以生存的最基本的生产,生态系统从环境中获取能量,这种能量又按照热力学定律在生态系统中循着生产者、消费者和分解者的途径流通转化,形成能量流通与转换。因此生态系统属于太阳能流的开放系统。生物或生物资源主要是由于太阳能流的作用,根据热力学定律形成有序结构,具有系统特性。生物资源是生态系统的中心,人们从生态系统的不同营养级上都能获取生物资源,利用能量。

1.1.2 生物资源的地域性

生物生长与活动的环境在地域上的差异决定了生物资源分布的地域性。这种地域性对植物资源来说,较之对微生物或其他生物资源更加明显。各种植物均在一定地理范围内才能繁衍生长,如巴西三叶橡胶、可可和油棕只能在湿热带生长,牛油树等只有在干热地区才能生长得良好;贝母、黄连、华山松、六道木、箭竹只适宜生长于海拔高的地区,等等。植物资源的地域性是我们开发利用植物资源的重要依据之一,也是资源植物繁殖种群、扩大分布区和提高品质的限制因素之一。

动物资源分布的地域性虽不像植物资源那样严格,但是不同的动物组成与分布也有一定的地域性。如我国动物的绝大部分类群对自然条件有不同程度的依赖性,它们的分布均与一定的自然区、热量带相一致或近似。有些类群的分布比较狭窄,仅限于一个自然区或热量带,如大象、长臂猿等产于热带森林中;有些则可跨越几个自然区或热量带,如羚羊和狼等。

生物资源在地球上的分布还具有一定的地带性。一种特殊形式的植被和一种相关联的动物区系,以及与其相适应的特殊气候、土壤和水分状况有机地结合,就可形成一个生物群落。地球上不同类型的生物群落占有一定的地带,反映出的区域性特征及分布也有一定的规律,如森林生物群落带、草地生物群落带、荒漠生物群落带、冻原生物群落带等。

1.1.3 生物资源的周期性

生物资源的周期性,是生命现象特有的时间上的层次序列。周期是指有规律的重复变化的时间。这种变化或多或少是由生态系统中生物活动周期性的循环变化决定的。大多数生物群落的活动是周期性的,它们随着时间的变化有着明显的节律可循,无论日变化、年变化直至多年变化,生物所具有的周期性规律是无可置疑的。就一天而言,白天为绿色植物的物质积累阶段,夜晚则为其物质消耗阶段(白天也有物质消耗,但最后的结果表现为物质的盈余)。这是由于地球本身的状况和运动对太阳辐射能的影响所造成的。白天光合作用以不同的强度和速率进行,夜晚由于太阳光被阻挡,光合作用即行停止,植物仅仅进行纯粹的呼吸作用。因此日夜交替,决定着绿色植物中物质积累与物质消耗的交替。虽然有机物质的累积随着时间的进程是断续的、离散的,但具有一定的节律性。就一年而言,很大一部分地区(热带除外),不管是一年生的或多年生的植物,冬季温度低于某个临界值之后,生物物质的累积便要停止,尤其是一年生的农作物和牧草,代与代之间的延续均表现出离散的特点。以较长的地质年代而论,某些植物兴盛了,某些植物灭绝了,在生物进化史上,针对某一种植物,其变化也表现着断续和离散的特点。这种自然条件所表现的节律性与生物生长发育过程中所表现的节律性(如从出生、发展到衰亡这样的世代交替)互为协调,形成了比较精巧的结构协调性,即与环境条件的变化相一致。

生物具有定时作用——生物钟的本能,这可能是生物受细胞中某些化学物质所控制的。生物体中的激素(血液和身体分泌液中的化学物质)通常控制着动物本身的周期性活动,动物自身释放激素的内在机制是大脑中枢神经系统中某种反应的结果,这种机制通常受光、湿度、温度等因素的制约,使生物活动与其自然环境在 24h 内发生变化而造成的。动物有昼出或夜出活动的行为,生物的这些日节律变化,可称为生理节奏,即使日夜的变化刺激没有了,24h 的节律仍然继续下去,起码会持续一段时间,光合作用也是日周期明显的例子。在沿海浅水中,各种浮游动物的垂直移动也有日节律和光周期性。在夜间,浮游动物向水上层移动,当白天来临时,再向下移动到水的底层。一些浮游植物则有相反的日节律。生态系统的周期性表现为日节律、月节律、季节节律和年节律。生物资源的周期性所表现的各种节律对生物资源合理的开发利用特别重要,植物、动物都在一年内一定的时节繁殖、生育和成熟。因此必须适时收获、放牧、捕捞和狩猎。我国人民对生物资源的周期性有很深的认识,对遵循周期性规律、开发利用生物资源积累了丰富的经验。例如,对竹类资源中毛竹的利用。毛竹是竹类中经济价值最大,用途最广,在我国分布也最广阔的一个物种。它每年的生活周期是春生笋,一般两个月便可长成十几米高的竹子;夏长鞭(地下茎),可伸长几米;秋孕笋,孕成一定的节数;冬休眠,蕴藏于土壤内。它的砍伐利用规律是:"砍伐竹子要注意,时间最好是冬季;存三去四不留七(三、四、七度,一度为两年),老弱病残不可惜;刀要快,茬要低,四周竹子要稠密;先看天,后看地,不能留有草帽大的太阳地。"这样按照毛竹的生长规律去砍伐利用竹材,可以得到质量好的竹材,而且能使竹林保持旺盛的生长,否则毛竹会越砍越少,产量越来越低,弄不好还会败园。

1.1.4 生物资源的有限性

在地球上可以作为生物生长活动的土地面积、生物种类和数量以及到达地面的太阳辐射量,在一定的空间和时间之内都有数量的限制;在一定历史时期、政策体制和技术水平之下,人类利用资源的范围也是有限的。同时,由于生物资源属于耗竭性资源,其负荷能力有一定的限度,人类在开发利用时如果超越了它所能负荷的极限,就将破坏它原有生态系统的平衡,甚至可能导致资源因耗用过度而枯竭的后果。随着人口的剧增,对生物资源的消耗逐渐增加,这种有限性已日益明显地表现出来了。例如,珍贵的杜仲,它的皮是贵重的中药材,因为要砍倒扒皮,所以现在野生的杜仲越来越少,已不能形成种群,处于灭绝的边缘。

近年来,在云南南部湿热地区大面积地砍伐热带森林,导致对该地区气候要素(湿度、温度、雨量、雾日、雷暴活动)产生明显的不利影响,并威胁着热带部分动物的繁殖与生长。目前,在全世界的热带地区大量砍伐森林的现象是极其严重的,长此以往,热带森林最终被砍光,这将会引起全球气候的变化。

生物资源的有限性,要求人们在开发利用生物资源时,既要珍惜有限的生物资源,使其能够得到充分的利用,又要科学地认识生物资源是有可能耗竭的,掌握它的负荷极限,正确处理人类与自然资源之间的"予取关系",使其得到合理的开发利用,不断地为人类造福。

1.1.5 生物资源的再生性

生物资源与非生物资源的根本区别就在于生物资源可以不断自然更新和人为繁殖扩大。我们利用生物资源,就必须首先保护它们这种不断更新的生产能力,以达到长期利用的目的。

生物资源是一种耗竭性资源,但是生物资源在天然或人工维护下可以更新繁殖和增长,即具有再生性,因此生物资源属于耗竭性资源范畴中的再生性资源,或叫可更新资源。如森林资源、草场资源、野生及家养动物资源、渔业资源等,它们的蕴藏量是一个变数而不是一个常数。在正确的管理和维护下,它们可以不断增殖增长,更新利用,资源蕴藏量就会越来越大。如果利用不合理,那么再生性资源就会越来越少,也会退化、解体,甚至达到灭绝的程度。所有的动物资源、植物资源和微生物资源都是这样的。因此对于再生性生物资源,必须做到开发利用与保护管理相结合,以保持基本的生态过程和生命保障系统,保持遗传的多样性,并保证物种和生态系统的持续利用。

1.1.6　生物资源的层次性

生物资源的层次性是生态系统的结构特性。层次性是存在于生态系统中的生物由于分布的不同而形成在空间上(水平的或垂直的)分层或分离的序列。无论陆生的或水生的生物群落,在空间结构上都有垂直的分层现象或水平的分层现象(如同心圆)。这是由于环境的多样性增加了生物的数量,群落形成复杂的结构,从而增加了群落的稳定性。促使群落垂直分层的主要环境因子是光照,阳光充裕的上层,是绿色自养生物所在地,如形成林冠的乔木、海、湖水面上的藻类等。陆地生态系统的下层是有机质积累并更新的地方,往往是分解者所在地(土壤层)。如落叶阔叶林有 4 个主要层次:①群落的优势种和建群种组成的林冠层和接受充足阳光的最高树层(上层木),这些树的叶子可以吸收和散射的光占可利用光的 50% 以上;②较矮的树(下层木),它包括一些上层木的小树以及其他树种的成年树,这些树喜某种程度的遮阴;③灌木层,由于阳光已通过上下两层,所以它只能接受阳光的 10% 左右;④草本植物、蕨类和苔藓(地被层),它们需要很少的阳光(通常为 1%～5%)就能生存,在茂密的森林中,到达林下地面的阳光不到 10%。

不同类型的生态系统垂直分层的数量是不同的。针叶林一般只有 3 层,温带落叶阔叶林一般有 4 个层次,而热带雨林则层次最多,可分 5～6个,甚至 7～8 个层次。

生物群落的水平分布是由气候因素、土壤因素、地下水、酸碱度等生态因素造成的。

还有的群落往往是相互交错的,形成群落之间的过渡地带,称为群落交错区,例如森林和草原之间,以及海陆之间(滩涂)。群落交错区通常包含有来自两个植物群落的生物及特别适合群落交错区的物种,这种现象称为边缘效应。如在森林的边缘,鸟的种类和密度都比森林里或原野里的要多,因此说在群落交错区生物资源是特别丰富的。

生态系统的每个亚层都有特有的食物、住所、温度、光照和湿度条件，因此各层都有其特有的动物。动物生活的差异与植被的分层性是分不开的，虽然它们可在几个层间活动，但是大多数活动性相当大的动物，其大部分时间仍在某一层内。

1.2　生物资源的分类

自然界中的生物种类繁多，其中许多种类是可以被人类利用的宝贵资源。由于它们在形态结构和生活习性及化学组成等方面千差万别，因而它们的经济价值和被开发利用的方式也就各不相同。因此，要系统地认识和有效地开发利用这些生物资源，就必须从资源学的角度对它们进行科学的分类，否则，就无法科学地认识和利用它们。然而，对生物资源的分类至今还是资源学中有待进一步深入研究的课题，目前还没有一个统一的、固定的分类系统。在各地实际应用中，大多是根据实际需要，采用比较粗略的或者多指标的方法拟定出一定的分类系统。下面介绍几种常见的分类方法。

1.2.1　按生物资源的生存环境划分

按照生物资源的生存环境可将生物资源分为陆生生物资源和水生生物资源两类。

1.2.1.1　陆生生物资源

陆生生物资源是指分布于陆地环境中的对人类有益的生物的总体。它可进一步分为热带生物资源（热带森林系统生物资源、热带草原系统生物资源）、温带生物资源（温带森林系统生物资源、温带草原系统生物资源）、寒温带生物资源和冻原生物资源等。

1.2.1.2　水生生物资源

水生生物资源是指分布于水域环境中对人类有益的生物。它可以进一步分为海洋生物资源、湖泊生物资源、河流生物资源和沼泽生物资源等。

1.2.2　按生物资源的经济价值划分

该种分类方法实际上是一种多指标的分类方法。它把生物资源分为植物资源、动物资源和微生物资源三大类,在每一大类内又根据其经济价值进一步划分。

1.2.2.1　植物资源

植物资源系指对人类有益的植物的总和。它包括人工栽培的和野生的对人类有用的植物,既包括作为分类单位的植物种,也包括由它们组成的群体,如松、柏、竹等以及森林、草原等都属植物资源的范畴。

（1）栽培植物资源。

栽培植物资源包括农、林、牧、副、渔各方面人工种植的植物。按照用途,栽培植物资源可分为粮食作物、经济作物、蔬菜作物、饲料作物、药用植物、果树资源、林木资源等 7 类。全世界高等植物有 23 万种(我国约有 2.7 万种),其中人类栽培的总共才 2297 种(不包括观赏植物),常见栽培的仅百余种,主要粮食作物仅 20 多种。

（2）野生植物资源。

野生植物资源是指人类采集利用的野生原料植物。我国野生植物资源的种类繁多,目前对这类植物资源利用得还不够充分。根据野生植物资源的价值,可以将其分为以下 6 类。

1）食用植物资源。本类植物因含有丰富的淀粉或糖类或油脂或其他物质而可被人类食用或被用来作为牲畜的饲料。按其所含物质及提供原料的特点,将其进一步分为以下几个类型。

a. 淀粉植物。该类植物的种子、果实中或根、茎中含有丰富的淀粉。这些淀粉有的不仅可直接食用,而且可用来酿酒或制作副食品,有的可作为饲料。含淀粉丰富的野生植物以壳斗科、鼠李科、豆科、桦木科、禾本科、蓼科、藜科、百合科、天南星科、棕榈科的种类为多,其他植物(如银杏科、睡莲科、菱科和蕨类)中的一些种类也含有丰富的淀粉。例如,壳斗科中的板栗其果实含淀粉 57% ～ 70%,毛栗含 60% ～ 70%,栎含50% ～ 60%,还有许多种类的果实也含有大量的淀粉。这些果实可煮食、炒食或供酿酒等而替代粮食,因此,壳斗科植物有木本粮食或铁杆庄稼之称。豆科的野生木豆其种子含淀粉 45% ～ 55%,可供食用,是我国热带和亚热带的主要木本粮食。鼠李科的酸枣、胡颓子科的沙枣都是酿酒或制副食品的原料。禾本科的野燕麦、芒、稷、稗等其种子含淀粉为

$45\% \sim 60\%$，为粮食的代用品。水生植物中的莲、睡莲、芡和各种菱等也是淀粉植物，其根茎或果实中淀粉含量达 $50\% \sim 70\%$。

b. 糖类植物。野生的糖类植物多属于蔷薇科、葡萄科、芸香科、猕猴桃科、桃金娘科、柿科、胡颓子科、杜鹃花科、桑科、无患子科和菊科的种类，主要分布于亚热带至暖温带地区。糖分主要为多缩甘露糖、蔗糖、葡萄糖、果糖和菊糖等，大多储存于果实中。常见的糖类植物如柿科的君迁子，葡萄科的多种葡萄，猕猴桃科的猕猴桃，杜鹃花科中的越橘，桑科中的多种桑，蔷薇科中的多种山楂、山枇杷、草莓、海棠、李、杏、梨等。此外，胡颓子科的沙棘、鼠李科的枳椇等也都含较多的糖分。这些植物的含糖量虽然很少超过用来制糖的甘蔗、甜菜等的含糖量，但它们的果实除可生食外，大多可用来酿酒、制果酱和罐头等。

c. 油料植物。该类植物的果实或种子中储存有大量的食用油脂，可作为榨取食用油的原料。我国已发现的油脂类植物中含食用油量在 10% 以上的有 50 多种，如蝴蝶果、油瓜、各种野生油茶、油葫芦等。此外，常见的油料植物有榧、竹柏、松、山核桃、核桃、薄菜、播娘蒿、榛子、木瓜、山杏、野大豆、香椿、文冠果、椰子等。这些野生油料植物中，不少种类的含油量不低于栽培的油料作物，甚至超过一般油料作物。如红松种子含油量为 68%，榛子仁为 $62\% \sim 65\%$，山核桃和核桃为 $58\% \sim 74\%$，播娘蒿为 44%，梧桐子为 39%。而栽培的油料作物花生含油量为 $40\% \sim 50\%$，芝麻为 $45\% \sim 55\%$，向日葵为 $35\% \sim 55\%$，油菜籽为 $38\% \sim 40\%$，大豆为 $16\% \sim 25\%$。

d. 富含维生素类植物。该类植物以各种野生水果为主，它们含有丰富的维生素，尤其是维生素 C，有些果实含维生素 A、维生素 B 或维生素 P，如猕猴桃的鲜果含维生素 C $200 \sim 800mg/100g$，余甘子鲜果含维生素 C $400mg/100g$ 以上，刺梨含维生素 C 高于猕猴桃。这类植物是食品工业同时是医药工业的好原料。

e. 食用香料和色素类植物。我国特产的调味香料植物有砂仁、草果、八角、木姜子、花椒等。食用色素的植物有栀子、茜草、红花、姜黄等，这些植物含的色素可供食品染色之用。

f. 饮料类植物。有些野生植物可代茶作为饮料，如我国民间常用的冬桑叶茶、菊花茶、金银花凉茶等。

g. 饲料类植物。大部分禾本科草本植物、豆科植物的枝叶及果实，以及桑叶、构叶、肥牛树、灰条菜、芭蕉芋、栎叶等可作为饲料或饵料。

2）药用植物资源。本类资源又可进一步分为以下两类。

a. 医药用植物。本类植物可直接作为药材或可从中提取某些化学成分。我国中草药有 4000 种以上，常用的有 700 种左右，已应用的植物类药中以野生种类为主，栽培的比例较小。这些药用植物广泛地分布于许多科属中，其中以双子叶植物的草本种类为最多，如毛茛科、罂粟科、十字花科、蔷薇科、豆科、伞形科、茄科、茜草科、五加科、马钱科、唇形科、桔梗科、菊科；单子叶植物次之，如百合科、石蒜科、薯蓣科、百部科等；裸子植物仅见于松科、柏科、麻黄科等；蕨类植物中，如叉蕨科、骨碎补科、水龙骨科等也有不少药用种类。很多医药用植物（如人参、甘草、黄芪、大黄、三七、当归等）都是驰名中外的重要药材，每年外销一定数量。植物界是药物的宝库，随着对植物资源的进一步开发利用，还会发现新的药用种类或发现新的药用价值。如在我国境内找到了治疗高血压病药物的原料植物萝芙木，发现了喜树中含的植物碱有抗癌作用等。

b. 土农药植物。在我国已被发掘的土农药植物有 500 种左右，分布于许多科中，其中属于蓼科、毛茛科、豆科、芸香科、大戟科、茄科、菊科、百部科、天南星科等的种类较多。根据其所含的一般农药有效成分可把它们归为以下几类：①含植物碱类：烟草、雷公藤、蓖麻、楝、百部、藜芦、无叶假木贼等。②含糖苷类：苦葛、苦参、杠柳等。③含皂素类：皂荚、无患子等。④含鱼藤酮类：鱼藤、厚果、鸡血藤、豆薯等。⑤含挥发性芳香油类：大叶桉、蛇床子、细辛等。⑥含除虫菊脂类：除虫菊等。植物性农药对人畜比较安全，同时喷洒在作物上容易分解，能避免留下残毒的危险，所以不易造成人畜严重中毒和环境污染，适宜用在果树、蔬菜等食用作物的防治病虫害中，如鱼藤、除虫菊等多用在防治蔬菜害虫及家庭害虫上。

3）工艺用植物资源。它分为以下几类。

a. 纤维植物。本类植物的纤维发达，是纺织、编织、制绳等的重要原料。据 1959 年全国植物资源普查数据可知，我国已找到有利用价值的野生纤维植物有 460 种，其中重要的分属于 100 多个科，主要是利用禾本科、鸢尾科、香蒲科、龙舌兰科、棕榈科等单子叶植物的茎叶及榆科、瑞香科、桑科、荨麻科、梧桐科、木棉科、锦葵科和夹竹桃科等双子叶植物的根部、茎和果实的棉毛。如利用构树皮可制棉皮纸，用青檀的树皮作宣纸。而芦苇是造纸和制人造丝的重要原料，龙舌兰是制航海用绳及防水布的原料。

b. 鞣料植物。鞣料植物含有丰富的单宁，而单宁是鞣革工艺及某些药品制造中所需要的重要物质。我国野生植物资源中已发现的单宁含量高、质量好的鞣料植物有 300 多种，主要分布于我国东部广大地区。裸子植物的某些科含有丰富的单宁，如松科、柏科、紫杉科和粗榧科等，其中尤以松科的落叶松、云杉、铁杉等种类中的单宁含量高、质量好,是我国目前栲胶生产的主要原料。被子植物中的壳斗科、蔷薇科、红树科的许多种类也含有大量的单宁,也是我国生产中利用的主要对象。不少草本植物(如蓼科的拳参、酸模、蔷薇科的地榆、补血草科的矶松等)的根部含单宁可达15% ～ 25%。蕨类植物中也有一些种类含单宁丰富,如蕨、粗茎鳞毛蕨等,也是可利用的鞣料植物资源。

c. 芳香油植物。这类植物在其代谢过程中能分泌一种具有特殊香气的挥发性有机化合物,即芳香油。从野生植物中提取的芳香油是生产香料、香精的主要原料。而香料、香精广泛地用于饮料、食品、香皂、牙膏、各种化妆品、香烟、医药及其他日用品中。所以芳香油植物也是极为重要的资源。我国种子植物中有很多科含有芳香油,其中重要的有20多个科,如樟科、芸香科、唇形科、不兰科、伞形科、木樨科、禾本科、桃金娘科、金缕梅科、蔷薇科、金粟兰科、菊科、莎草科、松科、柏科等。从樟科植物中可提取樟脑油、方樟油、黄樟油、桂皮油、肉桂油、楠木油等。从芸香科植物中可提取甜橙油、橘皮油、柚子油、橙花油、柠檬油、花椒油等。从伞形科植物中可提取胡荽油、莳萝油、芹籽油、小茴香油等。从禾本科植物中可提取香茅油、香根油、柠檬油等。从唇形科植物中可提取藿香油、薄荷油、紫苏油、留兰香油、百里香油、香薷油等。从蔷薇科植物中可提取玫瑰油等。这些芳香油除了供国内生产用外,还可出口创汇。

d. 胶类植物。本类植物包括能产生橡胶、硬性橡胶、树脂、树胶的各种植物。它们的产物都是现代工业的重要原料。据统计,全世界含橡胶(包括硬性橡胶)植物有2000多种,分布于热带、亚热带和温带地区。我国除了一些引种栽培的重要种类之外,还有许多野生含橡胶植物。这些种类主要属于大戟科、桑科、夹竹桃科、菊科、杜仲科、卫矛科等。大戟科除著名的三叶橡胶树之外,许多种类都含有橡胶。桑科的米扬噎、多种榕树,夹竹桃科的鹿角藤、杜仲藤等也含有橡胶。杜仲科的杜仲是我国特产的硬性橡胶植物。卫矛科有些种也含有硬性橡胶。此外,菊科的橡胶草、川木香等也含有较多的橡胶及硬性橡胶。我国树脂树胶类植物也不少,如从松科植物中可采割松脂,它包括松属、落叶松属、冷杉属和云杉属等的许多种。从漆树科的漆树可以采割生漆。豆科的金合欢属产阿拉伯树胶,黄耆属和黄耆亚属可产龙胶。此外,产树脂、树胶的植物还有枫香、苏合香、阿魏、羯布罗、细叶冬青、乌蔹莓、黄蜀葵、黄牛木、坡垒等。这些植物主要分布于热带和亚热带。

e. 工业用油脂植物。这类油脂植物我国种类也很多,重要的种类有油桐、乌桕、黄连木、南蛇藤、山楝、吴茱萸、黄皮、紫杉、粗榧、铁杉、铁力木、山苍子、苍耳等。

f.染料植物。染料植物包括苏木、红木、靛蓝、姜黄、茜草等。

4）建筑用植物资源。它包括以下两类。

a.木材资源。为人类提供木材的植物主要是树木类，尤其是那些高大、质优、速生树木作用最大。据估算，全球森林每年可提供大约 10 亿 m^3 木材，但还不能满足人类生产生活的需要。随着森林资源的减少，今后利用木材的途径将是营造速生珍贵林木。因此，树种资源的调查研究是必要的工作之一。我国树种资源非常丰富，有 7000 余种，其中可作建筑用的乔木有 2800 多种，如红松、落叶松、马尾松、杉木、多种杨、水曲柳、木荷、青皮、坡垒、泡桐等。近年来，我国热带地区又发掘了一批速生珍贵造林树种，如云南石梓、团花、八宝树、望天树、顶果木、阿丁枫、毛麻楝、白格等。

b.竹类资源。竹类植物被称为"第二森林"，全世界有 1000 种以上。我国竹类植物最为丰富，约有 300 种，为世界之冠。尤其是大径材的毛竹是重要建筑用材，它广泛地分布于中亚热带地区。其他竹类植物（如刚竹、淡竹、斑竹、慈竹、桂竹、甜竹、麻竹等）都是用途很广的竹类资源。

5）保护环境植物资源。本类资源一般可分为以下几类。

a.防风固沙保持水土植物。该类资源包括木麻黄、多种桉树、柽柳、梭梭、胡杨、沙枣、柠条、花棒、沙打旺、沙拐枣、沙棘、沙柳、毛条、紫穗槐、荆条，以及防护林、涵养林等。

b.绿化美化环境植物。该类资源包括各种可用于观赏的木本植物和花草及各种草皮、行道树等。我国这类植物资源分布广泛并极为丰富。

c.监测和抗污染植物。矮牵牛可用于监测光化学烟雾，杜鹃可用于监测 NO_2，复叶槭可用于监测 HCl。地衣可用于监测城市大气污染，特别是对 SO_2 和 F 的监测。雪松对大气中的 SO_2 和氟化物很敏感。碱蓬可用于监测环境中汞的含量。水葫芦能快速富集水中镉类金属、清除酚类。森林不仅能吸收大量 CO_2 放出新鲜氧气，而且可吸附大量烟尘，对净化大气、保护环境有重大作用。

6）植物种质资源。每种植物的遗传特性称为种质。不同的植物具有不同的种质特性。有用植物的野生种或野生近缘种在作物育种中具有极为重要的作用。因为栽培种类一般是由野生经长期的人工选育驯化而来，长期的定向培育其种质特性会发生一定程度的变化，尤其是它的适应性能和抗病虫害能力等都有所下降，因此，培育新品种往往要用自然界中的野生型或野生近缘种的遗传物质作为新品种培育的基础，以培育出产量高、品质好、抗逆性强的品种。所以，保护和收藏这些植物的种质具有重要的意义。如国际玉米、小麦改良中心和水稻研究中心等都建立了收藏种质的"种子库""种子银行"。英国的植物研究机构收藏全世界茄科植物种质,马来西亚在收集三叶橡胶属的种质。植物种质的损失是不可挽回的。鉴于当今世界上人类对植被的严重破坏,植物种类损失量较大的情况,我们不但要极力保护有用植物的种质,而且还应对那些目前暂时未发现其价值的濒危稀有植物加以保护,以待将来研究利用。充分利用植物园、建立自然保护区和种子库是保护植物种质资源的重要措施。

对植物资源的分类除上述的分法外,还可根据群落特征等将其分为森林资源、草场资源等不同类型。

1.2.2.2 动物资源

动物资源也可分为饲养动物和野生动物两大类。它们有的可被直接利用,有的可被间接利用。这里主要介绍野生动物资源的分类情况。按照经济价值和用途,野生动物资源的分类如下。

(1)肉用动物资源。

该类动物能为人类直接提供肉类食物。它们的种类很多,如兽类中的野猪、麂、麝、黄羊、狸、兔、水鹿、马鹿、鲸等,鸟类中的沙鸡、野鸡、斑鸠、野鸭、鸽子等,鱼类中的各种鱼,头足类中的乌贼、章鱼等,贝类中的多种贝,甲壳类中的虾、蟹,爬行类中的多种蛇、蟒、龟、鳖等,两栖类中的多种蛙等。肉用动物是人类食物的重要来源之一。我国野生动物平均每年产量高达 7500 万 kg,全世界每年从鱼类等海产动物获得的蛋白质占人类蛋白质来源的 6%。

(2)毛皮兽类动物资源。

这类动物的毛皮具有较高的利用价值,是制革、高级服装及其他制品的重要原料。我国毛皮兽类有 70 多种,占我国兽类总数的 15% 以上。数量较多的有我国北方的松鼠、旱獭、黄鼬、猞猁、麘等,南方的松鼠类、竹鼠、鼬獾、青鼬、果子狸等,分布广泛的狐、獾、豹猫、野兔等。名贵毛皮兽貂和水獭产量也很高。食草的重要制革兽类有麂、马鹿、驼鹿、水鹿、野猪以及黄羊、斑羚等,各种野羊也是产皮量较高的种类。

(3)药用动物资源。

可以入药或作为医药原料的野生动物种类很多。目前,我国药用动物约 800 种,其中不少是临床上广泛使用、疗效显著的种类。例如,兽类中的虎(骨、脂、血)、熊(脂、胆)、灵猫(香)等,鸟类中的环颈雉、夜鹰、白鹇等,爬行类中的五步蛇、百花锦蛇等多种蛇、乌龟(腹甲)、鳖(背甲)等,两栖类中的蟾蜍、蛤士蟆等,贝类中的牡蛎、珍珠、鲍鱼和头足类中的乌贼等,节肢动物中的蝎、壁钱、蝉(蜕)、大斑蝥等。此外,鲨鱼、黄鱼、鳕、鲽等鱼的肝脏可提取鱼肝油和维生素 A 及维生素 D,这些药物对治疗夜盲症和佝偻病有较好的疗效。海洋水产中还有海参、干贝等抑制肿瘤作用的物质。

(4)可驯养动物资源。

除了许多已驯化饲养的家禽家畜,如牛、马、羊等之外,自然界还有许多野生动物具有驯养的价值,它们是发展养殖业、培育家禽家畜的宝贵资源,如兽类中的多种鹿、麝、貂、水獭、河狸等,两栖类中的林蛙,爬行类中的药用蛇类、龟鳖等,节肢动物中的蝎,野生禽类中的马鸡、天鹅、野鸭、斑头雁、雪鸡等。我国东北地区驯化马鹿、梅花鹿、麝、貂等有很大发展。

(5)观赏动物资源。

这类动物主要指一些具有观赏价值的珍禽异兽,如兽类中的熊猫、虎、豹、猿、金丝猴、麋鹿、海豚等,珍禽中的朱鹮、犀鸟、相思鸟、天鹅、鹤类、孔雀、锦鸡、雉鸡、鸳鸯、画眉、百灵、鹦鹉等。

1.2.2.3 微生物资源

此处的"微生物"并非生物分类学上的名词,而是所有形体微小、单细胞或个体结构较为简单的多细胞,甚至没有细胞结构的低等生物的通称。它包括不具有细胞结构的病毒、单细胞的立克次氏体(介于细菌与病毒之间,又接近于细菌)、细菌、放线菌、属于真菌的酵母菌与霉菌、单细胞藻类、原生动物等。为了叙述方便,这里的微生物资源泛指五界分类系统中除植物界以外的对人类有益的低等生物,即属于原核生物界、原生生物界和真菌界的对人类有益的生物种类。按照微生物主要用途或功能可将其分为以下 5 类。

(1)农业微生物资源。

该类微生物是土壤肥力的重要因素。微生物可分解动植物的排泄物及残体,使有机成分变为无机物,供植物吸收利用。土壤中的硫、磷、钾、铁等化合物也是通过一些微生物的作用转化成可溶性盐类而被植物根系吸收。固氮微生物固定空气中的游离氮,增进土壤肥力,为植物提供氮素,也是自然界中氮素循环的重要环节。如豆科植物与根瘤菌共生使其获得氮素而高产,固氮蓝藻有利于稻谷生长。

(2)工业用微生物资源。

微生物酵母菌是重要的工业用资源,它有 370 多种,用途广泛,可用来发面做馒头、面包和酿酒,还能生产酒精、甘油、甘露醇、有机酸、维生素等,有的还可用于石油脱蜡、降低石油凝固点、制备核苷酸和酶制剂等。

我国现已建立了微生物工业体系,使微生物广泛地应用到国民经济的许多部门。

（3）药用微生物资源。

真菌中的重要药材有茯苓、马勃、雷丸、香菇、猪苓、灵芝、虫草、神曲、竹黄、竹蓐、蝉花等 100 多种,其中已知含有抗癌物质的有数十种。放线菌(介于细菌和真菌之间的一类)的突出特性之一是产生抗生素,而抗生素在医疗上使用广泛(大多数是由放线菌产生的),如链霉素、土霉素、金霉素、卡那霉素、庆大霉素等。放线菌还用来生产维生素与霉类。霉菌可以提制青霉素、灰黄霉素等。

（4）环境保护微生物资源。

在自然界物质转化中,微生物的作用是不可缺少的。微生物能够分解有机物质还原于自然界,能保持大气中 CO_2 的平衡,有些微生物具有分解各种有毒物质的能力。利用微生物处理含酚、有机磷及印染废水等,已取得了显著效果。同时在含氰废水的处理中也取得了进展。如某些假单胞杆菌可以将水中的汞化合物转化成还原性的金属汞,达到去汞毒的目的。梭状芽孢杆菌、甲烷菌等可使废水得到净化。菌胶团细菌具有较强的分解有机质的能力。据悉,热带假丝酵母、黏红酵母及无色杆菌和产碱杆菌能够处理含氰、酚等有毒的工业废水。

（5）食用微生物资源。

食用菌是一类可食用的大型真菌,在分类学上属于真菌界。大部分食用菌的食用部分是子实体,但也有极个别的是菌核。能形成大型子实体的真菌约有 6000 种,其中可食用的约有 360 种,目前人工栽培的有 15～16 种。食用菌含有丰富的蛋白质、氨基酸和多种维生素,自古以来就被我国人民誉为"山珍",同时是国际公认的"十分好的蛋白质来源",并有"素中之荤"的美称。常见的食用菌有羊肚菌、牛肝菌、猴头菌、白蘑菇、口蘑、香菇、草菇、平菇、双孢蘑菇、金针菇、滑菇、凤尾菇、侧耳、黑木耳、银耳、松耳、竹荪等。据近些年来的研究发现,食用菌中的一些种类,如猴头菌、茯苓、蜜环菌、香菇等,还可用来提取增鲜剂、抗生素及其他一些药物成分。因此,食用菌是食品工业和制药工业的重要资源。

1.3 生物资源的分布

生物资源是指植物资源、动物资源和微生物资源三支柱。1992 年,联合国环境与发展大会通过的《生物多样性公约》中明确指出:"生物资源是指对人类具有实际或潜在用途或价值的遗传资源、生物体或其部分、生物群体或生态系统中任何其他生物组成部分。"这是对生物资源最权威的定义。

生物种类繁多,有病毒、细菌、真菌、藻类、苔藓植物、原生动物、多孔动物、腔肠动物、线虫、甲壳虫、昆虫、其他节肢动物、软体动物、棘皮动物、两栖动物、爬行动物、鱼类、鸟类、哺乳动物、被子植物、裸子植物等,资源非常丰富。已知和未知生物资源的大体情况见表 1-1。

表 1-1　地球上不同类群的生物资源*

类群	已知种 / 种	估计种 / 种	已知种占的比例 / (%)
病毒	5000	130 000	4
细菌	4760	40 000	12
真菌	69 000	1 500 000	5
藻类	40 000	60 000	67
苔藓植物	17 000	25 000	68
裸子植物	750	—	—
被子植物	250 000	270 000	93
原生动物	30 800	100 000	31
多孔动物	5000	—	—
腔肠动物	9000	—	—
线虫	15 000	500 000	3
甲壳虫	38 000	—	—
昆虫	800 000	1 000 000	80
其他节肢动物	132 460	—	—
软体动物	50 000	—	—
棘皮动物	6100	—	—
两栖动物	4184	—	—
爬行动物	6380	—	—
鱼类	21 000	23 000	91
鸟类	9198	10 000	92
哺乳动物	4170	4300	约 100
合计	15 148 020	—	—

*引自 World Resources Institute et al.: World Resources, 1986。

当前所知道的生物资源约为 15 148 020 种(见表 1-1)。相对来讲,高等动物鱼类、鸟类、哺乳动物及被子植物已知种类与估计种类相当;藻类、苔藓植物这两类也有 67%～68% 被人们了解,其余如病毒、真菌、细菌等已知种只占估计种类的 4%,5% 及 12%。在医药上用途最大的放线菌目前所知道的约 3000 种。

生物资源的开发利用包含两层意思:一是将充分利用现有的生物资源进行深度的开发加工,提高附加值,增加经济效益;二是利用生物资源加工的废弃物进行综合利用,合理加工,减少环境污染,变废为宝。为此,做好生物资源的开发利用具有重要的战略意义。

国内外许多科学家预言:21 世纪将是生物工程世纪。要想发展生物技术,必须做好生物资源的利用和开发工作。如果化学工业由矿物资源为原料完全转化到以生物资源为原料,那么资源就源远流长,取之不尽。

1.4　生物资源开发的现状

现在生物资源的利用主要是对淀粉、蛋白质、脂肪和糖类资源的利用,产品有几十类,几千个品种,如利用禽、畜血液及脏器、海洋生物开发生物药品、保健食品,利用淀粉、糖类开发抗生素、维生素、氨基酸、核苷酸、酶制剂、有机酸、功能性低聚糖、酵母等。

统计显示,我国目前粮食、油料、水果、肉类、蛋类、水产品等产量均居世界第一,但主要农产品加工转化率仅为 30% 左右,与发达国家 80% 的加工率相比还有较大的距离。发达国家农产品加工业的产值一般为农业产值的 2～3 倍,而我国只有 85%。全国农产品加工业发展目标为:一是减少农产品收获后损失,提高农产品加工转化率,实现农产品多重增值,提高农产品加工业产值占农业产值的比例;二是优化加工产品结构,提高产品质量,增强国际竞争力。

对生物资源进行深加工,微生物发酵法是重要途径,现在我国发酵工业总产值约占国民生产总值的 1.5%,许多产品产量名列世界前茅。据统计,味精产量 17.6 万 t,抗生素 1.8 万 t,分别是西方国家产量的 30% 和 40%。在发酵工业中存在的主要问题是总体技术水平落后和资源利用不充分,甚至废水、残渣任意排放,对环境造成污染。

在世界上,美国、日本利用生物资源的微生物发酵工业较为发达。据美国统计,利用生物资源生产的氧化化学制品产量约有 280 万 t,占有机化学制品总量的 23%,加上它们的衍生物,总计约占 50%。其主要产品有乙醇及其衍生物、乙烯和 1,3- 丁二烯及乙二醇、乙酸、丙酮、丁醇、异丙醇、己二酸、丙烯酸、甲基乙基丙酮、丙二醇、甘油、柠檬酸、衣康酸、乳酸、反丁烯二酸,以及甲烷、二氧化碳等。

　　生物资源蕴藏着巨大的潜力,它的开发利用,受到生物工程、化学物理、机械等学科的专家和工程技术人员的高度重视,围绕着世界面临的能源、资源、环境、人口、粮食五大问题,正向纵深发展。

第2章　植物资源的开发利用技术

2.1　植物资源的开发利用概述

2.1.1　植物资源开发利用的层次

植物资源开发利用的层次按采用的主要方式分为针对发展原料的一级开发,针对发展资源产品的二级开发和针对发展新资源、新成分、新产品的三级开发。

2.1.1.1　针对发展原料的一级开发

一级开发的开发手段侧重于农学和生物学方面,目的在于不断扩大植物资源产量,不断提高质量。一方面加大对野生资源植物自然更新能力和可持续利用技术的研究,提高野生资源的利用效率,另一方面主要通过引种驯化、组织培养、人工栽培、良种选育、科学管理、病虫害防治、合理采收和初加工等生产手段,为植物资源产品生产的二级开发提供数量更多的、质量更好的原料。

中华猕猴桃原为野生,主要分布在我国长江流域,其果实营养丰富,被誉为维生素 C 之王。经驯化研究,其成为栽培水果,并经不断选育优良品种,使其果实大小和品质不断提高,已成为人们生活中常用的果品,是野生果树植物开发比较好的例子。

西洋参(*Panax quinquefolium*)原产美国、加拿大等地,近年来国内采用引种驯化,在东北、华北、陕西、云南等省已栽培成功,为社会提供了大量的国产西洋参。

蕨类植物薇菜(桂皮紫萁)原为野生,由于其价值高,是东北地区的重要出口山野菜资源,长期大量采收使野生资源量急剧下降。近年来,经采用孢子人工繁殖技术,其在长白山区人工栽培已初获成功,扩大了资源,保护了野生资源。

2.1.1.2　针对发展资源产品的二级开发

二级开发的开发手段侧重于工业生产方式,但资源开发目标不同:药用植物资源的开发侧重于药物化学提取、分离、提纯技术及制药技术等;果树植物资源的开发则更侧重于果品保鲜、酿造、果脯、果冻等食品加工技术;野菜资源则侧重于保鲜、罐藏、腌制及干制等食品加工技术;香料植物则侧重于香料成分的提取、分离、提纯技术等。

沙棘资源有多种用途,沙棘汁富含维生素 C,沙棘油对癌症有辅助治疗作用等。沙棘产品的开发非常深入,已加工成系列产品,如将果汁加工成沙棘保健饮料、沙棘粉、沙棘果油,将种子加工成沙棘籽油等。

杜仲是传统中药材,茎皮入药,有补肝肾、强筋骨等作用,其叶经浸提、浓缩、喷粉,制成粉剂,以杜仲纯粉为主要原料制成的杜仲饮料已被国家批准为抗疲劳保健功能饮料。

人参主要以根入药,但经过研究发现,其花、果、叶中都含有大量人参皂苷有效成分。目前,已开发成人参果茶、人参花茶等,人参叶也成为人参香烟的辅助原料。

蕨菜过去仅作为鲜食、腌制泡菜和制成干品等在国内外市场销售,通过进一步产品开发,研制出可长期保质、保鲜的罐装和袋装产品,延长了保质期,提高了卫生条件,深受消费者喜爱。

2.1.1.3　针对发展新资源、新成分、新产品的三级开发

三级开发的开发手段涉及多学科综合性科学研究,包括区域调查、植物系统分类、植物区系、植物化学、植物生态、植物地理和植物生理等多个学科,目的在于发掘新资源、开发新原料、发现新成分、开发新产品等。

通过对生产激素的甾体原料植物的调查分析和深入研究,从我国约80 种薯蓣属植物中发现的甾体皂苷元类成分主要集中分布于根茎组植物中,而同属其他植物中含量较少。通过综合比较分析,认为盾叶薯蓣(分布于长江流域)和穿龙薯蓣(分布于我国北方温带、暖温带地区)是比较适宜的开发种类,通过选育、繁殖栽培可得到优质、高产、稳定的药物原料。这是利用植物系统分类和植物化学手段,并运用植物近缘种化学成分相似的特点开发新原料的典型范例。

西洋参在北美的发现是源于对中国人参的认识。中国人参具有几千年的利用历史,闻名中外。加拿大人分析了中国人参的生态地理分布规

律,认为加拿大南部地区有与中国人参分布区相似的生态环境,于是在加拿大开始寻找中国人参,他们的科学猜测得到了验证,经分类学和植物化学研究,西洋参与人参有相似之处,但它们的功用有一定差异。这是利用植物生态、植物地理、植物分类、植物化学手段发掘新资源的典型例子。

综上所述,植物资源开发的 3 个层次是相互关联的(见图 2-1)。一种新资源的发现,需要通过生产出产品才能推向市场,一个好的产品需要优质的原料供应。反过来,为了扩大原料来源,除扩大栽培面积、进行良种选育外,也需要进一步寻找新的原料资源及种质资源。总之,植物资源的开发过程中每一个环节都必须以科学研究工作为基础,在科学理论和方法的指导下才能正确、有效地进行,因此,以科学研究方式为主的三级开发是植物资源开发的科学支撑,以工业生产方式为主的二级开发是植物资源开发的目标,以农业生产方式为主的一级开发是植物资源开发的稳定保障。

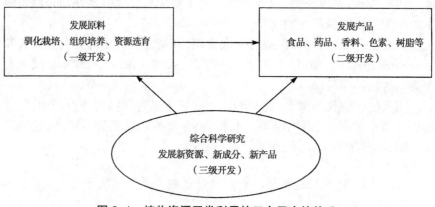

图 2-1　植物资源开发利用的三个层次的关系

2.1.2　我国植物资源利用与保护现状

2.1.2.1　我国植物资源的现状

我国地域辽阔,地形复杂,气候多样。这种独特的地理环境和气候条件为植物的生长繁衍创造了良好的条件。据统计,我国现有高等植物470 科,3700 余属,约 3 万种,为全世界近 30 万种高等植物的 1/10,少于马来西亚(约 4.5 万种)和巴西(约 5.5 万种),居世界第 3 位。我国裸子植物的种类约占全世界的 1/3,裸子植物的资源居世界首位。

我国也是一个少林国家,森林覆盖率仅 16.55% 左右,而且在很长一段时间内,乱砍滥伐森林的现象十分严重。森林面积的不断减少及不合理的垦荒导致生态环境恶化加剧。全国水利普查显示,我国水土流失面积占国土总面积的 30.72%,可以说我国是世界上水土流失最严重的国家之一。过度放牧、不合理开垦使我国牧区草场沙化、碱化和退化的面积占草地总面积的 85.4%。

2.1.2.2　我国对植物资源的保护

植物资源不仅可以给人类带来直接的经济效益,同时具有重要的生态效益。另外,植物资源的利用和保护之间的矛盾也越来越突出,特别是近几十年来大量有重要开发利用价值的资源植物遭到严重破坏,有的处于濒危状态或已经灭绝。所以,如果不重视植物资源的保护,人类既会失去直接的经济效益,同时也会失去赖以生存的环境。目前,植物资源保护的常用方法包括就地保护(in-situ conservation)、迁地保护(ex-situ conservation)和建立植物种质基因库(germplasm gene bank)。

(1)就地保护。

就地保护的显著特点是强调自然过程,最好对策是建立自然保护区,保护对象主要包括有代表性的自然生态系统和珍稀濒危植物的天然集中分布区等。

自然保护区是国家采取重要措施保护的具典型意义或特殊价值的自然区域,保护对象有自然环境、自然资源及自然历史遗产等。自然保护区是保护和利用植物资源的战略基地,也是保护濒危物种最有效的一种方法,既是物种的天然基因库,又是科学研究的试验基地,既能对人类活动所产生的后果进行监测、评价和预报,也能对人类进行文明美学教育。建立各类自然保护区是开展自然资源(包括植物资源)工作的重要手段之一,是保护自然资源和环境的最根本的有效措施。

(2)迁地保护。

迁地保护是指为了保护植物资源,把因生存环境不复存在、物种数量极少或难以实现更新等原因,而使生存和繁殖受到严重威胁的植物种迁出原地,移入植物园,进行特殊的保护和管理。迁地保护是对就地保护的补充,主要是活体的储藏,例如植物园、野外收藏和园内繁殖,它强调的是人为因素。迁地保护可为就地保护的管理和检测提供依据。

植物园是植物迁地保护和引种驯化的重要基地。建于公元前 2800 年的“神农药圃”是全世界植物园的雏形。1929 年在南京建立的中山植物园是我国第一个正规的植物园。

（3）建立植物种质基因库。

狭义的植物种质基因库是指用于以保存植物遗传为目的,保存植物种子和各种繁殖体的现代化设施。

1958 年,美国建立了世界上最早的国际性种质基因库——国家种子储藏实验室。现有的种质基因库大都以粮食作物和经济作物的遗传资源收集保存为主要任务,地方品种在种质基因库中所占份额最大,另外是野生祖先种和近缘种。中国医学科学院在北京建立了药用植物种质保存库,保存了约 900 种药用植物;中国农业科学院在北京建立了一个容量达 40多万种质材料的大型作物种质资源长期保存库,现保存有 30 多万份作物种质材料。

由于生物技术的发展,基因供体植物的范围正在扩大,于是与栽培植物相当远缘的野生植物也被吸收进种质基因库保存名单。经国家发展和改革委员会批准,我国于 2005 年开始建设首座国家级野生生物种质资源库——中国西南野生生物种质资源库。截至 2012 年年底已完成 3000 种10 129 份种质资源的标准化整理和整合,采集了 15 028 份重要野生植物种质资源,共享的种质资源信息超过 10 000 份,并实现了 710 种 1764 份种质资源的实物共享。

种子储存是保护植物种质资源最简单和最经济的方法,保存种子的种质基因库又叫种子库,其保存条件和可保存时间因植物种类不同而异。种子一般保存在 5℃或更低温度条件下,或将含水量为 5%～7%的种子保存于密闭容器,或保存于相对湿度低于 20%的条件下,亦可保存在液态氮中(−196℃)。对保存的种子进行定期检测,当种子的发芽率低于20%时,就需要更新种子。Millennium Seed Bank 位于英国皇家植物园邱园的 Wakehurst Place,保存着数百万份植物种子,全英国 1400 种植物已全部收集保存在该种子库中,并且已保存来自世界各地的珍稀濒危植物约 11 000 种,它们的种子约有 60 亿份。

2.1.3　植物资源的合理开发和利用

2.1.3.1　正确处理开发利用与保护的关系

从目前的发展趋势看,我国植物资源很难做到有效保护的。植物资源可以通过各种途径受到破坏,也可以通过不同途径流到国外。因此,保护一定要与有效利用和合理开发结合起来。一个物种被真正开发利用了,它也就得到了有效的保护。建议我国政府与国外政府的有关部门和各国的有志投资者在植物资源的开发、有效利用和保护方面多投资,尽快建成有效的保护网络。建议有关部门在旅游区内,选择适当的地点和适合的种类,就地引种和异地引种相结合,对一些特有的植物,特别是花卉植物进行有效引种,成片种植。这样既可以做到有效保护,也可以增强植物资源的宣传力度,同时可以改善旅游环境,增加旅游收入。要将植物资源的开发利用提高到绿色文化层面上来,绿色文化是绿色经济的上层建筑,只有这样才有可能获得真正的发展。

目前,我国由于水体的污染、沼泽及其他小生态的不断被破坏,从而导致越来越多的特有植物种类受到威胁或失去生存环境,植物种类不断消失。例如,昆明滇池原来有很多海菜花,老百姓普遍用来作为蔬菜食用,如今滇池因为污染早已没有海菜花的踪影;滇池原来有一种藻生植物,俗称"藻排子",在中国只有滇池和台湾地区的日月潭有,藻排子上面生长有一种鸢尾,现在也已经绝种了。昆明黑龙潭旁边原来有一片天然沼泽地,上面生长着一种菊科植物橐吾,是一种很好的观赏植物。随着沼泽的消失,这个物种也灭绝了。昆明西山的岩石上原有一种苦苣苔科石蝴蝶属植物,现在也看不到了。因此在注重植物资源开发利用的同时,还要进一步加强生态环境的保护工作。

2.1.3.2　植物资源合理利用的原则

植物资源的合理利用就是达到经济效益、生态效益和社会效益的和谐和统一,要实现这一目标,必须遵循一些基本原则。

（1）综合利用。

对野生植物进行综合利用的历史悠久,各个发展阶段有不同的利用水平。综合利用包括全面利用和多用途利用。

全面利用一般是指某种植物的各个部位都有用处,如:沙棘的果实可制成糕点、果晶、果冻、果子露和果酱等各种高级营养食品;叶可制茶,有软化血管、降低血压、促进新陈代谢、消食化积、活血散淤等功效;嫩枝和树皮可提取染料和鞣质;花可提取香精;木材坚硬,纹理细密,可做建筑用材、家具和工业品;等等。云南用三七绒根和茎叶生产的"三七冠心片""三七神安片"有较好疗效,减轻了对野生三七的压力,降低了成本,取得较大的经济效益,保护了资源。加强同一种植物资源的综合利用,以最小的资源消耗,获取最大的经济效益,是植物资源开发利用中应该遵循的重要原则。

多用途利用一般是指同一物料生产出多种产品。以往在对植物资源利用上,往往采取单一的生产经营方式,产生大量的"废弃物",不仅造成资源的极大浪费,而且"废弃物"会造成环境污染。因此,提高"废弃物"利用率,实行"无废料生产工艺"是保护植物资源,提高资源效益的有效途径。所谓无废料生产工艺是指物质生产过程中实现原材料的闭路循环,使生产过程中消耗同样的资源而生产更多品种或更多数量的产品,并尽可能减少生产性废料,实行废料资源化,这样既减轻了对资源的压力,又提高了经济效益。例如,玉米生产味精的过程中,过去常被排放掉的废水中含有大量的玉米黄色素,造成水体污染,后来利用"废水"提取玉米黄色素,不仅减少了环境污染,而且获得了可观的经济效益。

由此可见,对植物资源开展综合利用不仅能够提高经济效益,而且满足了市场的需求,并且为群众致富开辟了新路。

(2)深加工。

深加工是指对初加工产品进行的进一步完善,对已经形成的商品进行的再次制造。通过提高产品的加工深度,改变工业初级化、原料化、档次低的状况,提高产品的经济价值。山区和边远地区提供给市场的植物产品常是原料或初级产品,这种产品附加值低,经济效益差,运输量大,运销成本高,这是山区和边远地区植物资源优势难以转化为经济优势的致命弱点。在植物资源的开发利用中,随着资源原料→初加工产品→精加工产品的转化,产品价格成倍甚至几十倍地增加,而且所消耗的资源量大幅度下降,有利于减轻资源所承受的压力。提高产品的加工深度,改变产品初级化、原料化、档次低的现状,是植物资源开发利用的必由之路。在科技发展迅速、劳动力过剩、资源日益短缺的今天,深加工十分重要。

(3)永续利用。

植物资源的永续利用也称可持续利用,是指在人类利用植物资源的过程中,尊重自然规律,充分研究和利用植物的再生能力,在不影响植物自身正常繁衍生息的条件下,既能满足当今人类对植物资源的需求,又不影响后代的需要,实现植物资源的保护性开发。

植物资源是典型的可更新资源,通过有性繁殖和无性繁殖不断产生新个体。但植物种群的增长能力是一定的,如果利用过度,种群的自然更新将受到负面影响,个体数量不断减少,导致种群衰退,许多大量开发利用的野生植物都受到了不同程度的威胁。我国处于濒危状态的近3000种植物中,具有较高经济价值的资源植物占50%~70%。在所有的生物资源中,药用植物资源是受利用威胁最大的生物资源。产于西北地区的甘草,由于市场看好,群众群起乱挖,不久即造成甘草资源匮乏,市场短缺。究其原因,对这些资源植物的利用量超出了其种群的更新能力,种群不能正常补充新个体,或资源利用不合理,破坏了更新器官,或更新器官在成熟前即被采收,导致种群更新受阻。为了避免这种行为,有必要将植物资源交由地方政府管理,也可由集体或个人承包。在利用植物资源中,应深入开展重要资源植物的种群数量、年龄结构、空间结构、更新规律及其与环境因子相互关系的研究,建立资源植物种群最大持续产量生产模型,确定最大年允收量,将利用量控制在种群能够自然更新繁殖的范围内,制定实现野生植物资源永续利用的合理采收制度。

（4）充分发挥植物资源的生态效益,避免发展污染重的企业。

在开发利用植物资源方面,生产的植物产品及同时产生的废料一定不能污染环境,保持优良的生态环境。另外,在采集挖掘植物材料时,要注意不要采集水土保持区域的资源植物,因为它们在水土流失方面发挥着生态效益。在山区不要发展造纸等污染重的产业。

（5）发挥野生植物优势,发展绿色食品。

由于工业污染和化肥、杀虫剂在农产品及其加工品中的广泛使用,广大消费者开始追求安全、品质优良、营养丰富的纯天然绿色食品。我国地域辽阔、地形复杂、气候多变,野生植物种类繁多,野生果树和野菜以其纯天然、无污染、营养丰富、药食同源、风味独特而日益受到人们的青睐,被誉为天然"绿色食品"。20 世纪 80 年代,全国掀起了野生果树的热潮,发展了一批新兴果树,或称第三代果树,如刺梨、银杏、酸枣、越橘、欧李、余甘子、五味子等。野生果树和野菜富含人体必需的多种营养成分,且维生素和矿物质的含量较栽培果树、蔬菜高几倍到十几倍:沙棘果实的维生素 C 含量比常见果品高几十倍到几百倍,野生猕猴桃的维生素 C 含量高于人工栽培的十几倍;猴腿蹄盖蕨 [*Athyrium multidentatum*（Doll.）Ching] 干菜中锌元素的含量为 61.2μg/g,鹿药（*Smilacina japonica* A.Gray）干菜为 584.4μg/g,刺五加干菜为 132.0μg/g;堇菜属（*Viola* L.）、牻牛儿苗属（*Erodium* L'Herit）等 10 种野菜的胡萝卜素含量高于胡萝卜。我国东北地区每年向日本出口野菜约 50 000t,为国家创收大量外汇。

我国幅员辽阔,野生果树和野菜资源丰富,分布广泛,对各地的经济发展起到了重要作用:河北省承德市区内有野菜植物 70 余种,野果植物近 50 种,野生植物资源利用较好,形成一定规模的主要集中在饮料上,如杏仁露、山楂汁等,以及山葡萄、猕猴桃、酸枣、牛叠肚（*Rubus crataegifolius* Bge.）、野蔷薇（*Rosa multiflora* Thunb.）、金莲花（*Trollius chinensis* Bunge）等制成的保健饮料;以小黄花菜（*Hemerocallis minor* Mill.）、蕨、椴树（*Tilia tuan* Szyszyl.）叶、山葱（*Allium senescens* L.）、升麻（*Cimicifuga foetida* Linn.）、蘑菇等制成的特色菜肴,获得可观的经济效益。

2.1.3.3 植物资源开发利用的步骤

野生植物资源开发利用通常包括以下三个步骤:第一是进行野生植物资源调查;第二是制定开发利用规划;第三是确定生产工艺流程,组织建厂生产。此外,对某些储量少或分布零星、经济效益高的种类,应开展引种驯化和人工栽培以提高资源量。同时必须加强野生植物资源的科学研究工作,不断寻找和扩大新的资源植物。

(1)野生植物资源调查。

我国幅员辽阔,自然条件复杂多样,蕴藏着丰富的植物种类,为了充分开发利用植物资源,并能做到合理采挖、持续利用,必须首先对全国、各省乃至不同地域进行植物资源的调查研究,掌握调查地区的植物资源种类、储量和分布规律,了解植物资源利用的历史、现状和发展趋势。植物资源调查对摸清区域植物资源家底、有计划地开发利用和保护植物资源有重要意义,有助于为医药、食品及其他工业生产部门提供持续稳定的原料供应,同时对地方经济的稳定发展和提高人民的经济收入等均有重要的现实意义。

调查方法通常采用地植物学法,在样地内采用样方法进行调查,详细填写各种调查表格。特别要注意样方内调查对象的株数、采集测定经济利用部位的重量(包括鲜重和干重)、外业调查时还要同时采集植物标本并拍照,积累所有基础资料,然后进行内业汇总。

植物资源野外调查的内容主要包括植物资源种类及其分布和生态环境、不同区域植物资源的储量及更新能力等。

1)野生植物资源种类及分布规律。通过采集植物标本,记录其分布地点、生长环境、群落类型、数量、花期、果期及主要用途等,了解调查地区野生植物资源的种类、分布规律、种群数量和用途用法及开发利用情况等。完成植物资源种类与分布调查后,应编写植物资源名录。统计每种植物资源在调查区域内的分布情况,分布地最好以乡镇为单位。植物资源名录应按某一分类系统编写,先低等后高等。每种植物应包括植物学名、中名、俗名、生境、分布、花果期、用途、经济利用部位和利用方法等。

2)野生植物资源储量。野生植物资源的储量调查是植物资源调查的重要内容,是认识植物资源现状、评价植物资源的利用潜力、制定开发利用和保护植物资源规划的翔实的基础资料。植物资源调查不可能也没必要对所有的野生植物进行调查,而是主要调查一些重要、有开发潜力、供应紧缺或已受到威胁的资源植物。植物资源的储量主要包括经济储量、总储量和经营储量。

3）野生植物资源更新能力。植物资源更新能力的调查关系到野生植物采挖后能否迅速得到恢复和确定合理的年允收量等问题，也是保证植物资源持续利用和保护的重要技术依据。一般通过设置固定样方进行跟踪调查，包括地下器官和地上器官的更新能力调查。

4）野生植物资源利用现状。植物资源利用现状调查主要通过对收购企业、收购者、集市和采集者等的访问调查获得。主要调查内容包括植物名称、用途、利用方法、产品性质、销售去向、市场价格、栽培情况、保护情况、收购量和需求量等，见表 2-1。

表 2-1　植物资源利用现状调查

序号	植物名称	用途	利用方法	产品性质	销售去向	市场价格	栽培情况	收购量	需求量	生产企业	保护情况
1											
2											
3											
4											

5）野生植物资源调查成果图的绘制。野生植物资源调查成果图主要有植物资源分布图、植物资源储量图和植物资源利用现状图。无论哪一种成果图，都是把外业工作底图的调查要素输绘到地形图上，比例尺大小根据调查地区大小和要上图的最小面积确定。野生植物资源成果图应明确表示出主要资源植物的分布位置及规律、分布面积及储量。低于最小面积不能上图的，可用符号标定其分布位置，并注出储量或面积。

在编制野生植物资源分布图的同时，还要写出"野生植物资源分布图说明书"，对主要资源植物进行详细说明与评价，以供开发利用参考。

（2）制定开发利用规划。

在已经查清植物资源种类、贮量、分布规律和生态条件的基础上，结合市场需求状况，制定出植物资源开发利用规划。规划要有科学性、先进性和可行性；要做到保护和利用并举，经济效益与生态效益、社会效益相统一；既有近期开发利用目标，又有长远发展方向。

（3）确定生产工艺流程。

植物资源开发利用所形成的商品包括原料和工业制成品两大类，生产工艺主要适用于后者。

原料生产是指资源植物采收后不经加工，或只进行简单的加工处理后作为原料提供给加工部门，这类资源只是作为原料基地进行原料生产。原料生产投资少，风险小，适合那些储量大、当地不具备深加工条件的植物资源。但原料生产一般难以取得良好的经济效益,并且容易造成植物资源的破坏。

工业制成品生产是指通过复杂的工艺流程,生产出科技含量较高和具有良好经济价值的产品的过程。例如,将原料药制成中、西医药,香料植物芳香油的提取,植物胶的制取,以及各种食品饮料加工等。在确定开发利用的同时,应由科技人员提出总体设计与生产工艺流程,以便组织建厂进行规模化生产。

2.1.4 开发新植物资源的方法与途径

我国植物种类丰富,但绝大多数仍处于野生状态,不同程度地被人类利用的植物种类仅有 1% ~ 2%。随着科学技术的不断发展,可被利用的植物种类将越来越多,已被利用的资源植物也会随时被发掘出新的有用成分或用途。植物资源开发利用的方法很多,涉及多学科的综合科学研究,包括农学、生物学、植物化学、医药科学、食品科学、植物产品轻工业生产技术、市场经济学等许多方面。这里我们重点探讨一些有关植物资源开发利用的一般方法和途径。

2.1.4.1 系统研究法

自 20 世纪 50 年代末开始,系统研究法已成为我国植物资源研究的重要方法。植物在长期的系统发育过程中,近缘属种不仅形态、结构相似,其代谢产物也有相似性,依此可从植物中寻找具有工业、医药、食用等用途的植物新资源、新原料、新成分。例如,通过对生产甾体激素的原料植物薯蓣属的研究发现,皂苷原类成分主要集中分布于根状茎组,同属其他植物含量较少,通过综合比较分析后认为盾叶薯蓣和穿龙薯蓣是比较适宜的开发种类,这是利用系统研究法开发新原料的典型范例。

(1)研究目标的确定。

根据已开发利用并且价值较大的目标产品或成分来确定要研究的目标植物。首选为同属植物,其次为同科植物,再次是系统发育上的相近科。进一步分析研究目标植物与原利用植物在生态环境要求上的差异,首选具有相似生态要求的种类。

(2)研究方法的制定。

根据目标物已有的提取、分离、精制技术,制定研究方法。

1）提取的方法与条件。根据目标物的性质选择提取方法。

a.溶剂提取法：原理是植物样品中含有的各种化学成分在提取溶剂中的溶解度的差异，通常选择对所要提取成分溶解度大，而对其他无关成分溶解度小的溶剂。提取溶剂主要包括水、亲水性溶剂和亲脂性溶剂。提取方法包括冷浸法、回流法和连续法等。

b.水蒸气蒸馏法：原理是两种互不相溶的液体构成的混合液体系加热时，体系中的两种液体可显示与各自独立受热时相同的蒸气压，且当二者的分压之和与外界压力相等时即沸腾。用水蒸气将目的物质从其与水组成的混合体系中提取出来的过程叫水蒸气蒸馏法。

c.其他提取方法：主要包括萃取法、渗滤法和煎煮法等，也是较常用的提取方法。另外还有超声波提取、微波提取及超临界萃取等。

2）分离的方法与条件。提取物绝大多数是混合物，其中含有一些杂质及溶解度相似的化学成分，需要将目标成分从中分离出来，并得到纯化和精制。分离方法主要有：

a.溶剂分离法：分为两相溶剂萃取法、制备衍生物法、综合处理法（如沉淀、盐析等）、重结晶法等。

b.层析分离法：分为吸附层析法、液－液分层析法、离子交换层析法、液相凝胶层析法等。

c.纯度判定方法：分为外观判定、熔点判定、层析法判定和光谱检验等。

2.1.4.2　民族植物学法

民族植物学（ethnobotany）是研究人类利用植物的传统知识和经验，包括植物资源的利用历史、文化和现状，特别是植物种类、用途和利用方法。民间利用的植物资源是在长期的生产实践中积累起来的，是寻找新植物资源的巨大宝库。例如，民族药工作者依据云南苗族使用的传统草药灯盏细辛治疗偏瘫的经验，从该植物中分离出飞蓬甙、野黄芩甙等药用成分，临床验证表明这些成分对治疗脑血管意外所致的瘫痪是有效的，并已成批生产"灯盏细辛注射液"和"灯盏细辛片"投放市场。此外，还可以从文献中发现、从基础研究中得到启迪，或通过从有用成分中进行结构的修饰，不断挖掘植物新资源或新用途。

根据裴盛基教授的观点，民族植物学法在植物资源开发利用中可划分为描述研究、解释研究和应用研究 3 个不同的阶段。

（1）描述研究阶段。

描述研究阶段的主要工作是对民族民间利用植物进行科学鉴定、分类和利用状况的记述。描述什么民族利用的植物,了解植物的名称,包括地方习惯用名,植物利用的范围和采集或种植的时间,利用的方法和分布地区的生态环境等。这个阶段调查的结果是某一调查地区民族民间利用植物的第一手科学资料,是深入研究和资源开发价值综合评价的基础。

（2）解释研究阶段。

本阶段在描述阶段基础上,主要对为什么用,利用的范围及产品或原料的去向等进行深入研究。通过揭示民族、民间利用植物内在的科学内容,如对有用化学物质、生理机能、生态功能等进行分析,阐明其利用的科学价值,去伪存真,取其精华,弃其糟粕。科学的解释是正确地开发和利用民族、民间利用植物资源的重要前提。而这项工作必须通过多学科的知识和方法配合进行。本阶段的另一个方面是对民族、民间利用植物的市场现状及市场潜力进行科学分析,准确预测开发利用的前景,包括图2-2所示的环节。

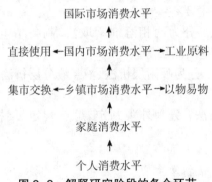

图 2-2　解释研究阶段的各个环节

被利用植物的社会需求水平越高,人类对该植物的依赖程度也越高,消费数量就越大,进入人工栽培的可能性也越大,稳定性越高。反之,地方性、区域性、民族性越大,稳定性较低,容易遭受主流文化的冲击,而降低开发价值。当然,这是相对的,民间利用植物资源开发的成功,一方面决定其利用价值,另一方面也受市场营销水平的影响。例如,东北朝鲜族喜食的以野生植物为原料的各种泡菜,从早期朝鲜族喜食,到周围人民广泛喜爱,到国内许多地区喜食,直到制成各种产品远销10多个国家,是一个非常典型的民族利用植物的文化走向世界的过程。以中华民族传统医药文化为标志的药用植物资源开发的例子更是举不胜举。

（3）应用研究阶段。

描述阶段和解释阶段提供了丰富的科学资料,研究的性质均以基础和应用基础为重点。应用研究阶段是在此基础上,采用现代科学技术手段,开发新产品、扩大原料资源等,使民族、民间利用的植物进入更广阔的市场,如从民族药中发掘新药。我国 55 个少数民族使用的民间草药有 3500 种以上,现已陆续出版了《中国民族药志》。从这些草药中开发出了具有现代药物水平的新药数百种,达到地方药物标准的难以计数。这些药物对抗癌等顽症具有很好的疗效。通过民族植物学的研究,扩大了药源、减少了药品进口和增加了出口。从传统食品中开发新型食品和饮料。由于我国各地的地理环境、物产气候、风俗习惯各异,形成了不同的饮食文化类型。我国已从民间食用的野果、野菜中发掘出一大批果品饮料和蔬菜,如沙棘、刺梨、山楂、越橘、余甘子等。在野菜方面,有薇菜、魔芋、守宫木、香椿等,风味鲜美。吉林省有野菜植物 200 余种。目前,已成为长白山区重点产品的有近 20 种,并已开始驯化栽培生产。

2.1.4.3　市场研究

商品经济就是市场经济,没有市场的生产是盲目的生产。随着社会发展和人们生活水平的不断提高,人们对产品品种和质量的要求也越来越高,这就要求我们要特别重视市场研究,要不断适应市场变化,根据市场需求形成名、优、新产品,通过产品本身的质量和必要的宣传手段形成品牌、扩大知名度,变当地资源优势为商品优势和经济优势。此外,要继续加强科学研究工作,积极寻找新资源。当前,应把植物资源研究重点放在野生植物资源的发掘与利用上,做到超前研究,即对每种植物资源有计划地做室内分析及有用成分的提取工作,为创造新产品并投入生产奠定理论基础,并且力争在国际市场上有竞争能力,不断拓宽市场。

2.1.5　扩大植物资源产量的方法与途径

2.1.5.1　野生植物的引种、驯化与栽培

野生植物引种、驯化是指人类采取一定技术措施,使被引种植物逐渐适应新的环境或使某些野生的植物逐步适应人工栽培环境的过程。野生植物引种、驯化与栽培研究,建立人工栽培基地,实现集约化生产,提高植物原料的产量,是扩大植物资源供应的主要途径。通过野生植物的引种、驯化和栽培研究,不但可以提供丰富的植物原料,而且可以通过优良资源性状的选育研究,发展新品系或新品种,进一步提高产量和资源产品的稳定性,还可以通过对野生植物有用成分与环境条件(如土壤、水分、温度、光照等)相互关系的研究,人为控制或选择适宜的环境条件定向生

产有用成分,提高有用成分含量。例如,蛇床(*Cnidium monnieri*)是分布于全国各地的野生药用植物,但其所含有用成分呋喃香豆素类成分南北差异明显,北方(辽宁、河北)产,主要含角型呋喃香豆素,而南方(江苏)产,主要含线型呋喃香豆素。许多野生植物的各种资源特性都与生态环境有不同程度的相互关系,在资源生产中值得注意,应深入研究,加以利用。

引种、驯化是植物资源开发利用的一个重要环节,特别对资源储量少的地区或分布零星不易集中采收的种类更为重要。在引种、驯化工作中要注意以下几项原则。

(1)气候相似的原则。

气候相似主要指温度相似。因为温度是植物分布的限制因子,它决定植物的分布区,所以在纬度相似地区之间引种容易得到成功,而在不同纬度之间引种,要从垂直带谱寻找气候相似性,如在云南海拔3000m生长的云木香引种到北京海拔50m的地区,三七从广西和云南海拔1500m山地引种到江西海拔500～600m地区,人参从东北吉林省海拔300～500m处引种到四川金佛山海拔1700～2100m和江西庐山海拔1300m的地区,都获得成功。

(2)北种南引比南种北引容易获得成功。

南种北引有能否越冬和成活问题,而北种南引都能成活,只是存在产量和品质问题。例如,香蕉、可可、椰子原产热带,北引到温带就不能存活,而原产地中海的大葱、蒜向南引种到亚热带都能生长,但品质不好——大蒜在广东不能开花,球茎也小,退化严重。

(3)草本植物比木本植物容易引种成功。

一年生草本植物比多年生草本植物更容易成功,因为草本植物矮小,越冬芽位置低,抗低温能力强。而一年生植物则以种子越冬,适应性更强,所以容易引种成功。例如,西瓜、南瓜原产亚热带,现在世界各地的不同温度带都有栽培。

2.1.5.2 生物技术在扩大植物资源生产中的应用

生物技术(biotechnology)是20世纪70年代初在分子生物学和细胞生物学基础上发展起来的新兴技术领域,包括组织培养或细胞工程、基因工程、酶工程和发酵工程等。其中组织培养或细胞工程已在扩大原料生产和种质保存等领域得到广泛应用。

生物技术应用于原料生产的一个重要方面是利用细胞工程生产次级

代谢产物,这是扩大原料生产非常有前途的途径,并已取得显著成果:利用紫草培养细胞生产紫草素,利用人参根培养物生产食品添加剂等已进入商品市场;利用植物培养细胞产生黄连有效成分小檗碱、长春花成分蛇根碱及阿吗碱及洋地黄成分地高辛等均进入工厂化生产阶段。

利用细胞工程生产次生代谢产物是在控制条件下进行的,因此,可以通过改变培养条件和选择优良细胞系的方法得到超越整株产量的代谢产物,而且减少占用耕地,并不受地域性和季节性限制。培养是在无菌条件下进行的,因此,可以排除各种污染源(农药及其他),提高产物质量;并可深入探索有用物质的合成途径,生产出含量高、均一的有用成分,减少提取分离的难度。应用细胞工程技术生产有用成分的前提是要求细胞生长和生物合成的速度在较短时间内得到较高产物,并可在细胞中积累而不迅速分解,最好能自然释放到液体培养基中,并且培养基、前体及化学提取生产费用要尽可能低,可获得最大经济效益。

2.1.5.3　合成、半合成有用成分在扩大原料生产中的意义

原则上讲合成有用成分的途径并不属于扩大植物产量的范畴,而是采用化学工程手段直接生产有用成分。虽然,目前绝大多数植物有用成分还是来自植物生产,但随着科学技术水平的不断提高和对有用成分结构的认识,化学合成途径是减少对野生或栽培植物资源的依赖,保护植物资源的重要手段之一。特别是对一些在植物体内含量较低的有用成分的化学合成,可很好地解决原料来源不足的困难,达到降低成本、保护野生资源的目的。但化学合成途径难度较大。

从除虫菊中提取的除虫菊酯制成杀虫剂,有低毒、易降解、少污染,且杀虫效果好等特点,由于资源需求量大,经化学合成研究,目前已人工合成出 20 多种除虫菊酯类化合物,应用于农药生产,不仅合成了除虫菊体内原有的除虫菊酯成分,还人工创造出了一些新的化合物。

半合成是利用植物体内含量较高的半合成前体化合物合成有用成分的方法。半合成可提高资源的利用率,扩大有用成分的利用范围。

例如,紫杉醇是新型有较好抗癌效果的成分,主要来自红豆杉科红豆杉属的植物,但其在植物体内的含量仅有 0.05% 左右,即使其半合成前体的含量也只有 0.1%,并且野生资源量极少,全世界仅有 11 种,且多为濒危物种。据估计,提取可以用于 1 名患者的 1g 紫杉醇,需要 3 ~ 6 株 60 年生大树的树皮才能得到。1991 年,美国癌症研究所为了获得 25kg 紫杉醇,毁树 3.8 万株。可见,紫杉醇抗癌效果虽好,但其生产的经济成本

和生态成本之高,已达到无法企及的程度。目前,正在探讨细胞培养、半合成和利用红豆杉与真菌关系来生产紫杉醇等途径,已有一定进展。

2.2　粮食作物的深加工及综合利用

2.2.1　特种米的生产

2.2.1.1　不淘洗米

不淘洗米是一种不需水淘洗直接煮食的大米。淘洗大米不仅造成营养成分和粮食的损失,而且由于碎米、糠粉含量多,易发生霉变带毒。江南大学测定认为,大米经淘洗二次,维生素 B_1 损失 25.91%～38.25%,磷损失为 19.52%～24.67%;霉菌和细菌含量高达(3～6)万个/g。生产不淘洗米的方法主要有渗水法、膜化法、瞬间水洗法。

(1)渗水法。

利用渗水法生产的不淘洗米素有水晶米之称,具有含糠粉少、米质纯净、米色洁白、光泽度好等优点,是我国大米出口的主要品种。

工艺流程:糙米→碾白→擦米→渗水碾米→冷却→分级→不淘洗米。

操作要点:

1)渗水碾磨。渗水的主要目的是利用水分子在米粒与碾磨室工作构件之间,米粒与米粒之间形成一层水膜,有利于碾磨,光泽细腻,如同磨刀时加水的作用一样。渗水的另一个目的是借助水的作用对米粒的表面进行“水洗”,使积附在米粒表面的糠粉去净。

渗水碾磨一般使用铁辊碾米机,需将米机拆除,退出米刀,转速调至800r/min。碾米时,水从米机进口渗入,渗入量视大米品种和原始水分而定,一般为大米流量的0.5%～0.8%。

2)冷却。为了降低渗水碾米后的米温,需对米进行冷却,常用设备是流化槽。使用流化槽进行冷却时,不仅可降低米温,使米粒失去水分,而且可以吸收米流中的浮糠。

3)分级。渗水碾磨后的米粒常夹有糠块粉团,应在冷却时进行筛理。上面筛面用5目×5目/25.4mm,下面筛面用14目×14目/25.4mm,分别筛去大于米粒的糠块和细糠粉,相应的设备有溜筛、振动筛等。

（2）膜化法。

大米通过预糊化作用将表面的淀粉转变成包裹米粒的胶质化淀粉膜，从而生产出不淘洗米，这种方法称为膜化法。

工艺流程：标米→精选除杂→碾白→去糠上光→分级→不淘洗米。

这种生产不淘洗米方法的关键工序是去糠上光。上光的实质，利用白米表层淀粉粒在抛光机内产生预糊化作用，使米粒表层形成一层极薄的胶质化淀粉膜。目前，所使用的上光剂有糖类、蛋白类、脂类 3 种。

1）糖类上光剂。糖类上光剂用得较多的是葡萄糖、砂糖、麦芽糖和糊精等。这种上光剂与温水配成一定浓度的水溶液，用导管添加到抛光机的抛光室内，增加米粒与抛光辊之间的摩擦力，除尽米粒表面的糠粉，同时使部分糖溶液涂在米粒表面，加快表面淀粉糊化，形成保护层，增加米粒光泽度。

2）蛋白类上光剂。一般采用可溶性蛋白质，如大豆蛋白、明胶等。蛋白类上光剂的独特处在于有较好的涂膜性，使米粒表面形成保护层，呈现蜡状或珍珠状光泽。此外，这种保护层保持时间长，耐摩擦和温度、湿度变化，储存一年以上米粒依然晶莹发亮。

3）脂类上光剂。采用的是不易酸败的高级植物油，它能使大米表面产生油亮光泽，并能推迟米粒陈化时间及水分蒸发速度，且有一定防虫作用，可长期保持大米的滋味和新鲜状态。

2.2.1.2　强化大米

强化大米是在普通大米中添加某些缺少的营养素而制成的成品米。目前，用于大米营养强化的强化剂有维生素、氨基酸及矿物盐。生产强化米的方法归纳起来可分为内持法与外加法。内持法是借助保存大米自身某一部分营养素达到强化目的，蒸谷米是以内持法生产的一种营养强化米。外加法是将各种营养强化剂配成溶液后，由米粒吸收或涂覆在米粒表面，具体又有浸吸法、涂膜法、强烈型强化法等。

（1）内持法（蒸谷米的加工）。

蒸谷米又称速煮米。稻谷经浸泡、锅蒸、烘干再碾磨等特别措施，使糠层及胚芽中所含的大量维生素 B_1 等营养物质转移到胚乳中，以增加米的营养。由于加热使淀粉糊化，胚乳变硬，不仅储藏时不易霉变和虫蛀，而且出米率高，碎米少。日本最近采用较高温度、缩短浸泡时间、间隔冷却等措施，研制出一种蒸谷米的新制法。多数东南亚国家（印度尼西亚、越南、缅甸等）习惯于食用这种米。

蒸谷米有以下优点：

1）米粒表面有光泽，营养价值比普通大米高，且容易被人体消化吸收，涨性好，出饭率高，蒸煮时残留在水中的固体少。

2）加工时碎米率明显降低，出米率提高。副产品米糠出油率高于加工普通大米时米糠的出油率。

3）不易生虫，不易霉变，易于储存。

但是，蒸谷米加工成本较高，米色较深，米饭黏性较差。

工艺流程：稻谷→清理→浸泡→汽蒸→干燥→冷却→砻谷→碾米→蒸谷米。

操作要点：

1）清理。去杂、除稗、去石的同时，应尽量清除原粮中的不完善粒，可采用洗谷机进行湿法清理。

2）浸泡。浸泡是稻谷吸水并使自身体积膨胀的过程。根据生产实践，水分必须在30%以上。如稻谷水分低于30%，则汽蒸过程中稻谷蒸不透，影响蒸谷米的质量。浸泡可分为常温浸泡和高温浸泡两种方法。

3）汽蒸。稻谷经过浸泡以后，胚乳内部吸收相当数量的水分，此时应将稻谷加热，使淀粉糊化。汽蒸的目的在于提高出米率，改善储藏特性和食用品质。汽蒸的方法有常压汽蒸和高压汽蒸两种。

4）干燥与冷却。国外主要采用蒸汽间接加热干燥和加热空气干燥方法，干燥条件比较缓和，同时，将蒸谷的干燥过程分为两个阶段。在水分降到16%以前为第一阶段，采用快速干燥脱水。水分降到16%以下为第二阶段，采用缓慢干燥或冷却的方法。

5）砻谷。稻谷经水热处理以后，稻壳开裂，变脆容易脱壳。使用胶辊砻谷机脱壳时，可适当降低辊间压力，提高产量，以降低消耗。脱壳后，经稻壳分离，谷糠分离，得到的蒸谷米即送到碾米机碾白。

6）碾米。蒸谷米碾白困难的原因不仅在于皮层与胚乳结合紧密，米粒变硬，而且皮层的脂肪含量高。碾白时，分离下来的米糠由于机械摩擦热而变成脂肪，造成筛孔易堵塞，米粒碾白时容易打滑，致使碾白效率降低。碾白后的擦米工序应加强，以清除米粒表面的糠粉。这是因为带有糠粉的蒸谷米，在储存过程中会使透明的米粒变成乳白色，影响产品质量。此外，还需要按含碎要求，采用筛选设备进行分级。国外还利用色选机清除异色米粒，以提高蒸谷米的商品价值。

（2）浸吸法。

浸吸法是国外采用较多的强化米生产工艺，强化范围较广，可添加一种强化剂，也可添加多种强化剂。

工艺流程：

维生素B$_1$、维生素B$_6$、维生素B$_{12}$→ 溶解 　维生素B$_2$、氨基酸

大米→ 浸吸与喷涂 → 二次浸吸 → 汽蒸糊化 →

喷涂酸液及干燥 →强化米

操作要点：

1）浸吸与喷涂。先将维生素 B$_1$、维生素 B$_6$、维生素 B$_{12}$ 等称量后溶于 0.2%重合磷酸盐的中型溶液中(重合磷酸盐可用多磷酸钾、多磷酸钠、焦磷酸钠或偏磷酸钠等)，再将大米与上述溶液一同置于带有水蒸气保温夹层的滚筒中。浸吸时间为 2～4h，溶液温度为 30～40℃，转动滚筒，使米粒稍稍干燥，将未吸尽的溶液由喷嘴喷洒在米粒上，使之全部吸收。最后再次鼓入热空气，使米粒干燥至正常水分。

2）二次浸吸。将维生素 B$_2$ 和各种氨基酸称量后，溶于重合磷酸盐中性溶液，再投入上述滚筒中与米粒混合，精心二次浸吸。

3）汽蒸糊化。将浸吸后较为潮湿的米粒置于连续蒸煮器中进行汽蒸。在 100℃蒸汽下汽蒸 20min，使米粒表面糊化，这对防止米粒破碎及淘洗时营养素的损失均有好处。

4）喷涂酸液及干燥。将汽蒸后的米粒仍置于上述滚筒中，边转动边喷入一定量的 5%醋酸溶液，然后鼓入 40℃的低温热空气进行干燥，使米粒水分降至 13%，最终得到强化米产品。

（3）涂膜法。

涂膜法是在米粒表面涂上数层黏稠物质以生产强化米。

工艺流程：

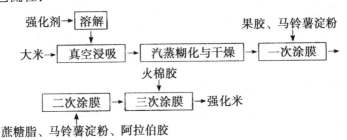

操作要点：

1）真空浸吸。先将需强化的维生素、矿物盐、氨基酸按配方称量，溶于 40kg 20℃水中。大米预先干燥至水分为 7%。取 100kg 干燥后的大米置于真空罐中，同时注入强化剂溶液，在 80kPa 真空度下搅拌 10min，待米粒中的空气被抽出后，各种营养素即被吸入内部。

2）汽蒸糊化与干燥。取出上述米粒,冷却后置于连续式蒸煮器中汽蒸 7min,再用冷空气冷却,使用分离机使黏结在一起的米粒分散,然后送入热风干燥机中,使米粒干燥至水分含量为 15%。

3）一次涂膜。将干燥后的米粒置于分粒机中,与一次涂液共同搅拌混合,使溶液涂覆在米粒表面。一次涂液的配方是:果胶 1.2kg,马铃薯淀粉 3kg,溶于 10kg 50℃水中。一次涂膜后,将米粒自分粒机中取出,送入连续式蒸煮器中汽蒸 3min,通风冷却,接着在热风干燥机内进行干燥,先以 80℃干燥 30min,然后降温至 60℃连续干燥 45min。

4）二次涂膜。将一次涂膜并干燥后的米粒,再次置于分粒机中进行二次涂膜。先用 1%阿拉伯胶液将米粒湿润,再与含有 1.5kg 马铃薯淀粉及 1kg 蔗糖脂肪酸酯的溶液混合浸吸;然后与一次涂膜工序相同,进行汽蒸,冷却,分粒,干燥。

5）三次涂膜。二次涂膜并干燥后,接着便进行 3 次涂膜。将米粒置于干燥器中,喷入火棉胶乙醚溶液 10kg(火棉胶与乙醚各半),干燥后即得强化米。

（4）强烈型强化法。

强烈型强化法是国内研制的一种大米强化工艺,比浸吸法和涂膜法工艺简单,所需设备少,投资低,便于大多数碾米厂推广应用。

工艺流程:

赖氨酸、维生素B₁、维生素B₂　　　钙、磷、铁、食用胶

不淘洗米 → 强化米机 → 缓苏仓 → 强化米机 → 缓苏仓 →

筛选 → 强化米

不淘洗米进入强化机后,先以赖氨酸、维生素 B₁、维生素 B₂进行第一次强化,然后入缓苏仓静置适当时间,使营养素向米粒内部渗透并使水分挥发。第二次强化钙、磷、铁,并在米粒表面喷涂一层食用胶,形成防水保护膜,起防腐、防虫、防止营养损失的作用。第二次缓苏后经过筛选,去除碎米,小包装后即为强化米产品。

2.2.1.3　留胚米

留胚米(又称胚芽米)是指留胚率在 80%以上,每 100g 大米,胚芽重量在 2g 以上的大米。留胚米的营养成分见表 2-2。

表 2-2　留胚米与白米营养成分对比

营养成分	留胚米		白米
	试样 1	试样 2	
水分含量 / (%)	13.7	15.5	15.5
蛋白质含量 / (%)	6.4	6.3	6.2
脂肪含量 / (%)	1.1	1.1	0.8
纤维素含量 / (%)	0.4	0.4	0.3
灰分含量 / (%)	0.6	0.6	0.6
糖分含量 / (%)	77.8	76.2	76.6
维生素 B_1 含量 /[mg · (100g) $^{-1}$]	0.30	0.29	0.09
维生素 B_2 含量 /[mg · (100g) $^{-1}$]	0.08	0.08	0.03
维生素 E 含量 /[mg · (100g) $^{-1}$]	1.7	1.6	—

留胚米的生产方法与普通大米基本相同,需经过清理、砻米、碾米三个工段。为了使留胚率在 80% 以上,碾米时必须采用轻机多碾,即碾白道数要多,碾米机内压力要低。留胚米因保留胚芽较多,在温度、水分含量适宜的条件下,微生物容易繁殖。因此,留胚米厂采用真空包装或充气(二氧化碳)包装,防止留胚米品质降低。蒸煮食用留胚米时,加水量为普通大米加水量的 1.2 倍,且预先浸泡 1h(也可用温水浸泡 30min)。蒸煮时间长一些,做出的米饭食味良好。

2.2.2　大米方便食品

2.2.2.1　方便米饭

方便米饭是经水浸泡或短时间加热后便可食用的方便米制品。方便米饭的种类有罐头米饭、α 化米饭、软罐头米饭、速冻米饭、冷冻干燥米饭、膨化米饭、无菌包装米饭、冷藏米饭等。

(1)罐头米饭。

罐头米饭是将一定量米饭与水置于金属罐中,蒸煮后进行抽气,卷边,加热杀菌后,即制成罐头米饭。罐头米饭产品含水量约 60%,常温下可储存 5 年,于开水中加热或汽蒸 5～15min 即可食用,但携带不便。

(2)α 化米饭。

α 化米饭(又称速煮米饭、脱水米饭、即食米饭)是将大米淘洗、浸泡、经汽蒸或炊煮,再用热空气干燥而成。α化米饭首先由美国通用食品公司加工生产。现在国内不少厂家生产α化米饭,产品有袋装、杯装之分,有加配菜的,也有不加配菜的,品种较多。

（3）软罐头米饭。

软罐头米饭是将一定量的水和大米装入能耐高温的特殊塑料包装容器(蒸煮袋)内,经高温、高压蒸煮而成的。软罐头米饭不必经过干燥等特殊处理,即可保留米饭原有的营养成分与风味,可以长期保存。软罐头米饭还具有重量轻、便于携带的特点。

（4）速冻米饭。

速冻米饭是将用普通方法蒸煮的米饭装入袋中,迅速冷却,于－18℃低温下保存即成速冻米饭。速冻米饭因不用任何添加剂,不采用高温杀菌,故能保持米饭原有的风味与营养。在所有方便米饭中,速冻米饭的食味、食感最接近于普通米饭,所以备受消费者青睐。速冻米饭在流通、销售过程中必须处于－18℃温度下,故物流费用较高。速冻产品中水分含量约60%,－18℃下可储存一年,汽蒸5～10min或微波炉加热5min便可食用。

（5）冷冻干燥米饭。

冷冻干燥米饭将大米炊煮成米饭后,先冷冻至冰点以下,使米饭中水饭变成固态冰,然后在较高真空度下,将其直接转化为蒸汽而除去即制成冷冻干燥米饭。但由于操作是在高真空和低温下进行,故投资与操作费用高,成本高。

（6）膨化米饭。

膨化米饭是将大米先经过淘洗、浸泡、汽蒸或炊煮后使淀粉α化,然后经干燥调整其水分含量,再利用高温空气或微波炉或加热油脂等使其膨化。膨化米饭的复原性优于α化米饭、冷冻干燥米饭,食用简便,但复原后的米饭缺少黏性。此产品水分含量5%～10%,常温下可储存3年,开水浸泡3～5min后食用。

（7）无菌包装米饭。

大米被炊煮成米饭后,于无菌室内进行包装,密封即成无菌包装米饭。

（8）冷藏米饭。

将煮熟的米饭包装后于冷藏状态下保存即制成冷藏米饭。

2.2.2.2　方便米粥

工艺流程:大米→真空干燥→煮沸→水洗→冷冻干燥→方便米粥。

操作要点：

（1）真空干燥。

将水分含量为 14% 左右的大米置于真空干燥机内,通过真空干燥,使其水分含量降至 12%～13%,质量减少 2%～3%,米粒表面龟裂率达到 90%～100%。真空干燥的目的是使米粒产生细孔和细微龟裂,防止米粒在后续工序中破裂损坏,产品复原性好。

（2）煮沸。

将真空干燥后的米粒,投入为其质量 8 倍的沸水中,加盖,煮沸 1～2min。煮沸结束后,继续以（95±2）℃加热 20～40min,使米粒进一步膨胀,促使淀粉糊化。

（3）水洗。

将经上述处理的大米立即放入冷水中,充分水洗,去掉米粒间的黏液,将水洗后的米粒晾干,用 1% 食盐水浸渍,以排出米粒中多余的水分,使产品复原性更为理想。盐水处理后同样需要晾干。

（4）冷冻干燥。

冷冻干燥的目的是保持米粒的多孔性结构。

2.2.2.3　代乳粉

（1）蒸煮型代乳粉。

代乳粉作为婴儿的断奶食品,根据婴幼儿的营养需要,以大米为主要基质,利用大豆蛋白质以提高其营养价值,以植物油调整成品的脂肪含量,以适量的维生素、磷、钙、铁、碘来补充婴儿日常的营养需要,选择适当的甜度适合婴儿的口味。

我国比较知名的有"5410"代乳粉、联合国儿童基金会与我国上海儿童食品厂生产的婴儿宝宝乐,其主要配方如表 2-3 所示。

表 2-3　婴儿代乳粉的配方（质量分数）

单位:%

名称	大米粉	大豆粉	糖粉	蛋黄粉	豆油	骨粉	维生素、矿物质及其他
"5410"	45.5	28	16.5	5	3	1.5	—
婴儿宝宝乐	55	30	12	—	1	—	2

婴儿宝宝乐的生产工艺流程：

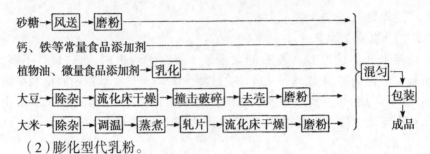

（2）膨化型代乳粉。

江西粮油科研所等单位利用挤压膨化工艺研制了速调婴儿粉。原料在膨化机内瞬间快速、均匀加热，使其原料营养成分破坏较少，一次性完成淀粉的 α 化和大豆的去腥，与传统的蒸、烤、煮的工艺相比，工艺简单，蛋白质消化率大大提高，水分降低，高温杀菌消毒，有利于长期保存。

膨化型代乳粉的工艺流程：

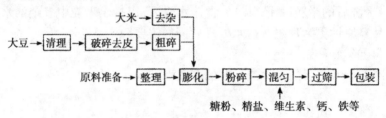

注意事项：

1）原料准备时大豆破碎去皮，粗碎不能太碎，一般为 10 ～ 30 目。

2）膨化物经切断、冷却后，立即进入粉碎机粉碎，以防吸潮。

3）整个操作必须注意卫生。

2.2.3 大米水解蛋白的生产

大米不但是我国人民的主食，也是食品工业中广泛的原料，如饴糖、味精、葡萄糖、酒、麦芽糊精等，在这些产品中，只是利用了大米中的淀粉，尚有 8% 左右的优质大米蛋白没有很好地被利用，有的仅作为饲料，有的用作肥料。特别是夏天，细菌腐烂还会造成环境污染。20 世纪 80 年代初，江西粮油科学技术研究所等科研单位利用生物技术从大米下脚料中开发出了新型蛋白质——大米蛋白和大米水解蛋白等相关保健品。

大米蛋白的生物价为 77%，在蛋白质组成、氨基酸组成等方面都十分优良，最近的研究表明，从酒糟酶解物中分离出具 ACE（血管紧张素转移酶——可引起血压升高）抑制活性肽，能通过抑制 ACE 的活性而达到降压作用。

2.2.3.1　以大米为原料直接生产葡萄糖和味精

很早以前,人们就用大米做饴糖、酿酒等,后来大米广泛用作制葡萄糖及食品发酵工业原料,由于它具有淀粉含量高、无色素干扰等优点被人们所喜欢。

20 世纪 80 年代初,江西味精厂成功地用大米直接生产葡萄糖及味精,继而在全国各地得到推广应用。他们用双酶法——淀粉酶、糖化酶可完成淀粉的液化和糖化两个步骤,α- 淀粉酶可使大米糊化,降低黏度,水解淀粉为糊精和低聚糖;糖化酶可将液化产物(糊精和低聚糖)进一步水解成葡萄糖。

(1)以大米为原料直接生产葡萄糖工艺流程。

大米 → 浸泡 → 磨浆 → 调浆 → 液化 → 灭酶 → 压滤 → 糖化 →
　　　　　　　　　　　α- 淀粉酶、氯化钙　　　大米渣　糖化酶

脱色 → 压滤 → 离交 → 浓缩 → 液体葡萄糖

(2)以大米为原料生产味精工艺流程。

大米 → 浸泡 → 磨浆 → 调浆 → 液化 → 灭酶 → 压滤 → 糖化 →
　　　　　　　　　　　　　　　　　　　大米渣

过滤 → 接种 → 发酵 → 提取 → 离交 → 洗脱 → 粗谷氨酸 → 中和 →

过滤 → 脱色 → 过滤 → 浓缩结晶 → 谷氨酸

2.2.3.2　大米渣的营养价值

在以大米为原料生产葡萄糖过程中,每吨大米通过糖化后约有 0.5t 湿米渣,年产 2000t 的味精厂将有大米渣 1000t。经过分析,大米渣的成分见表 2-4。

表 2-4　米渣成分

单位:%

项　　目	味精大米渣	葡萄糖大米渣
水分	66.42	66.80
碳水化合物	11.13	13.56
粗蛋白	17.15	14.19
粗蛋白折合干基	51.10	42.75

大米蛋白质在其蛋白质组成、氨基酸组成等方面都十分优良,其生物价为77%,不但在粮食作物中占第一位,而且可以与猪肉(生物价74%)、牛肉(生物价69%)相媲美,详见表2-5和表2-6。

表2-5　常见食物的蛋白质生物价(质量分数)

单位:%

蛋白质来源	生物价	蛋白质来源	生物价	蛋白质来源	生物价
鸡蛋	94	稻米	77	绿豆	58
牛奶	85	小麦	67	芸豆	38
猪肉	74	玉米(整)	60	甘薯	72
牛肉	69	高粱	56	马铃薯	67

表2-6　常见食物的氨基酸(质量分数)

单位:%

食物品种	氨基酸分数	食物品种	氨基酸分数	食物品种	氨基酸分数
全蛋	100	鱼	100	花生	65
人奶	100	玉米	49.1	棉籽	81
牛奶	94.5	大米	66.5	小米	63
牛肉(可食部分)	100	大豆	74	全麦	53
鸡肉(可食部分)	99.0	芝麻	50		

2.2.3.3　大米水解蛋白的开发应用

(1)工艺流程。

大米蛋白粉的工艺流程:

大米渣 → 洗涤 → 压滤 → 打碎 → 研磨 → 干燥 → 大米蛋白粉

压滤 → 滤液 → 循环回收

大米水解蛋白的工艺流程:

大米渣 → 去杂 → 粉碎 → 调浆 → 液化 → 水解 → 分离 → 脱色

分离 → 饲料

过滤 → 浓缩 → 喷雾干燥 → 包装 → 大米水解蛋白

（2）操作要点。

1）大米蛋白粉。来自葡萄糖或味精厂的大米渣先经 70℃ 的热水洗去残余的糖分，除去水分后，采用锤式粉碎机打碎，经胶体磨碾磨，通过热风干燥，也可通过双滚筒干燥机进行。经热水洗涤的滤液，其中含有 5% 左右的糖分可循环回收，提高糖的得率，增加经济效益。

2）大米水解蛋白。大米渣通过 70℃ 的热水洗去残渣后，固体经粉碎、液化再一次除去多余的糖分，然后分离得到的固体加入 3 倍的水进行水解，用酶法要比酸法好，水解完成后，过滤后的残渣作为饲料，滤液经活性炭处理后浓缩，喷雾干燥后即得质地细腻、疏松、溶解度好的水解蛋白粉。

（3）大米蛋白粉及水解蛋白的质量标准。

1）大米蛋白粉的质量标准见表 2-7。

表 2-7　大米蛋白粉标准

名称	蛋白质 / （%）	水分 / （%）	砷 / (mg·kg^{-1})	铅 / (mg·kg^{-1})	锌 / (mg·kg^{-1})	六六六 / (mg·kg^{-1})	DDT/ (mg·kg^{-1})	黄曲霉毒素 B$_1$/ （μg·kg^{-1}）
精蛋白粉	≥ 60	≤ 10	≤ 0.5	≤ 1.0	≤ 5	≤ 0.3	≤ 0.2	按 GB 2761—1981
粗蛋白粉	≥ 40	≤ 10	≤ 0.5	≤ 1.0	≤ 5	≤ 0.3	≤ 0.2	按 GB 2761—1981

2）水解蛋白粉分析结果。水解蛋白粉的营养及特性见表 2-8。

表 2-8　水解蛋白粉分析结果

水分 / （%）	粗蛋白 / （%）	可消化蛋白 / （%）	蛋白消化率 / （%）	20%溶液泡沫量 / mm	溶解度 / （%）
6.89	74.68	73.72	98	122	100

水解蛋白营养丰富，蛋白质含量达 74.68%，可消化蛋白达 98%，20% 的水解蛋白发泡高度有 122mm，水溶性达 100%。在氨基酸组成方面，仅色氨酸少量缺乏外，其他的氨基酸都比较平衡，在植物蛋白中是十分优良的蛋白质。

水解蛋白可作为正常蛋白摄入量减少或其蛋白质消化机能受到损害的病人的良好的食物补充，以维持氮的平衡，也可作为治疗消化性溃疡、渗压性利尿剂、外伤的辅助治疗以促进本身的痊愈机能。由于它不需要通过其他消化渠道，并溶于水，可直接加入液体中补充氮源。水解蛋白的发泡力也较强,可代替鸡蛋作为糖果等的发泡剂。目前,水解蛋白不仅可用于食品、医药,在化妆品中也有着广泛的用途,水解蛋白系列的化妆品也将跻身于众多化妆品的行列。

(4)水解蛋白保健品的开发应用。

1)水解蛋白口服液及水解蛋白营养粉加工工艺流程:

水解蛋白浓缩液+配料
{ 喷雾干燥→包装→营养粉成品
杀菌→灌装→封罐→包装→口服液 }

2)水解蛋白颗粒冲剂、营养片加工工艺流程:

水解蛋白浓缩液+配料→ 制粒→烘干→包装→颗粒冲剂
压片→包装→营养片

3)水解蛋白保健品粗蛋白含量测定见表2-9。

表2-9　水解蛋白保健品粗蛋白含量测定

名称	粗蛋白含量	名称	粗蛋白含量
水解蛋白口服液 /($mg \cdot kg^{-1}$)	1810	水解蛋白营养粉 /(%)	34.84
水解蛋白颗粒冲剂 /(%)	15.36	水解蛋白营养片 /(%)	15.07

根据江西省粮油科研所试验结果,每吨湿米渣(含水分66%)提取水解蛋白65kg(含水量<6%),提取率为38.2%,水解蛋白的成本为4000元 /t,如按销售价11 000元 /t计,水解蛋白利润为7000元 /t,如开发成保健品,经济效益会更好。

2.2.4　利用大米生产乳酸

乳酸,化学名称为2-羟基丙酸,分子中含有一个不对称原子,因而具有旋光性。使光左旋的为 L-乳酸,右旋光的是 D-乳酸。发酵产品为 L-乳酸。乳酸相对分子质量为90.08,化学结构式如下:

$$
\begin{array}{cc}
COOH & COOH \\
HO-C-H & H-C-OH \\
CH_3 & CH_3 \\
L(+)-乳酸 & L(-)-乳酸
\end{array}
$$

2.2.4.1　乳酸生产的工艺流程

乳酸生产的工艺流程:

大米→液化→糖化→发酵→过滤→中和→过滤→蒸发、结晶→

中和下方：CaCO₃

H₂SO₄（复分解精制上方）

清洗→复分解精制→过滤→浓缩脱色→过滤→离交→浓缩脱色→

浓缩脱色（第一个）下方：活性炭

浓缩脱色（第二个）下方：活性炭

过滤→成品

2.2.4.2　乳酸生产的主要技术说明

（1）菌种培养。

1）菌种。

德氏乳酸杆菌（*Lactobacillus delbrueckii*），为细长杆菌 [（0.5 ～ 0.8）m ×（2.0 ～ 9.0）m]，单个或短链，不运动，G^+，能发酵葡萄糖、麦芽糖、蔗糖、果糖、半乳糖和糊精，不发酵乳糖，所以对牛奶无作用，微好氧，最适发酵温度为 45℃。

2）培养基。

斜面菌种培养基：3 ～ 4° Bé 饴糖 100mL，蛋白胨 0.5g，牛肉膏 0.1g，酵母粉 0.1g，$MgSO_4$ 0.05g，KH_2PO_4 0.05g，NaCl 0.02g，$CaCO_3$ 1.5g，琼脂 2.5g。

麦芽汁培养基：0.5kg 大麦芽加 2kg 水，煮沸，过滤。

培养条件：静止培养，温度 49 ～ 51℃，时间 48h。

（2）原料处理。

大米或红薯干，再加其量 0.6％的细糠（稻壳内层），最后加 2 倍的水，蒸煮糊化（与一般制酒相同），投入发酵池，再加水使发酵液含大米在 10％左右。升温，当品温达 53 ～ 55℃时加入糖化酶 0.4％～ 0.5％（或 700 ～ 900 单位），进行糖化。

（3）发酵。

原料糖化后品温达 49 ～ 51℃时接入乳酸菌或发酵正常的醪液（为加速乳酸菌生长可加入适量尿素或 KH_2PO_4），接种量 10％，种龄 48h。

接种 12h 后，发酵液酸度达 0.9％（以乳酸计）时加 $CaCO_3$（或纯石粉）进行中和。在发酵中不断取样测定酸度，逐步加 $CaCO_3$ 中和，在发酵 3 ～ 4d 过程中一般分 5 次中和，维持 pH 不低于 5。添加 $CaCO_3$ 总量约为大米量的 70％，发酵温度控制在 49 ～ 51℃之间。每 2h 搅动 1 次，每 4h 检测品温度和酸度保持 0.5％左右，发酵周期 4 ～ 6d。

发酵结束时残糖在 0.1% 以下，乳酸转化率 98% 以上。

发酵终点测定：取发酵液加入少量石灰，沉淀，取上清液，分别放入 2 支试管内，取其 1 支加热至沸。比较 2 支试管颜色，一样则发酵成熟。

（4）中和过滤。

发酵结束后加入石灰 6%～10%（以投料计），使 pH 达 10 左右，加温至 60℃，沉淀，上清液浓度约为 5° Bé，板框过滤，弃滤渣。滤液为乳酸钙溶液。

（5）浓缩。

将滤液减压浓缩（80～90℃），真空度 40kPa 至溶液浓度达 13～14° Bé（含乳酸钙 30%～35%），放置铁桶静置，自然冷却结晶。冬季约需 3d，夏季结晶时间约 5d。

（6）乳酸钙清洗。

倒出结晶母液（保存），将乳酸钙结晶打碎，放入离心机用水冲洗，至晶体不带残留母液、色泽乳白一致为止。回收洗涤液与母液合并，可再次浓缩结晶。

（7）乳酸的精制。

于乳酸钙中加水适量，使浓度为 18%，加热溶解（不超过 50℃），加入活性炭，边搅边加 40%～50% H_2SO_4，使呈酸性。搅匀后取少许反应液，滴加 0.1% 甲基紫液，如由紫色变为橘黄色，表示到达反应终点；如呈绿色说明硫酸过量，应补加乳酸钙。酸化液放置 3～4h，过滤，滤液乳酸含量 20%～25%，滤渣为 $CaSO_4$ 弃之。

（8）第一次浓缩。

将乳酸液加 0.2% 活性炭。真空浓缩至 13° Bé（85℃测），抽滤，滤液含乳酸 50%～53%。滤渣重新进行复分解。

（9）离子交换。

第一次浓缩的滤液，先通过 732 号阳离子交换树脂，除去 Fe^{2+}、Mg^{2+} 等金属离子，再通过 701 弱碱性阴离子交换树脂，除去 SO_4^{2-} 等酸根。

（10）第二次浓缩。

成品经树脂处理过的乳酸液，再加 0.2% 活性炭，进行第二次浓缩，至浓度 17° Bé（80℃测），含乳酸 80% 以上，过滤。滤液则为乳酸成品。

每 2.2t 大米，可产乳酸 1t。

2.2.4.3　乳酸的质量标准

我国乳酸的质量标准见表 2-10。

表 2–10　乳酸的质量标准

项　目	药典级	食品级
乳酸含量 /（%）	85 ～ 90	≥ 80.0
硫酸盐 /（g·kg^{-1}）	≤ 0.1	≤ 0.1
氯化物 /（g·kg^{-1}）	≤ 0.2	≤ 0.2
重金属 /（mg·kg^{-1}）	≤ 10	≤ 10
铁 /（mg·kg^{-1}）	≤ 10	≤ 10
砷 /（mg·kg^{-1}）	≤ 1	≤ 1
灼烧残基 /（g·kg^{-1}）	≤ 1	≤ 1

2.2.5　稻壳的综合利用

2.2.5.1　稻壳作为能源材料

稻壳发热量为 12.5 ～ 14.6kJ/kg，2t 稻壳相当于 1t 标准煤的发热量。通常，1kg 稻壳可产生 2.4 ～ 2.7kg 的蒸汽，2 ～ 3kg 稻壳可发电 1kW·h。对于缺煤少电的产稻区来说，稻壳是一种值得开发利用的廉价能源。

2.2.5.2　加工饲料

（1）统糠饲料。

统糠饲料是 70%～ 80% 稻壳粉与米糠的混合物，是一种营养价值不高的初级混合饲料。由于统糠饲料的原料来源丰富，生产工艺及设备简单，成本低，价格低，所以目前仍有一部分地区农民用统糠饲料喂猪及家禽。此外，统糠饲料虽因粗纤维含量高不易消化，营养价值低，但粗纤维也是各种畜禽所不可缺少的，这是因为饲料中一定数量的粗纤维是动物消化所必需的。

（2）膨化稻壳饲料。

稻壳的饲用营养成分含量低，再加上稻壳表面木质素排列整齐密实，将粗纤维紧紧包围住，所以动物吃了不易消化，总消化率只能达到 5%～ 8%。经过膨化的稻壳，由于其纤维组织完全溃散成膨松状态，并使紧紧包围在纤维素外面的木质素全部被撕裂而脱落。这种立体组织之间很容易含水，因此膨化后的稻壳吸水性很高，最大容水量可达 4.5%，由于吸水性的提高，各种营养成分的溶水机会就增多，因此易被畜禽消化吸收,总消化率可达 17%～20%,比原来提高一倍以上。

2.2.5.3　制取化工原料

稻壳经过水解可以得到糠醛或木糖,进一步水解可制取酒精或乙酰丙酸,综合利用还可获得醋酸钠、硅酸钠、活性炭、植物激素等。糠醛又可制取合成树脂、涂料、农药和医药等所需要的多种化工原料。

由稻壳水解所得的化工产品主要途径如图 2-3 所示。

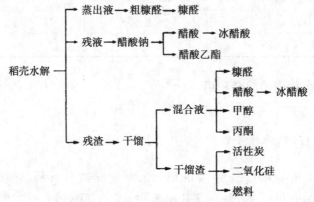

图 2-3　稻壳水解生产的化工原料

稻壳采用内热干馏法,除了可以从馏出液中制取糠醛等数种化工原料外,稻壳灰中还可制出其他化工产品,其主要产品如图 2-4 所示。

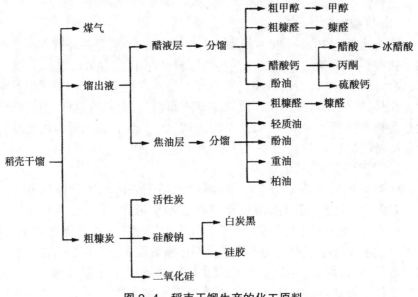

图 2-4　稻壳干馏生产的化工原料

2.2.5.4　制作建筑材料

（1）制板材。

稻壳是一种适宜的人造纤维板原料。现在国内外已能利用稻壳制造高密度的稻壳板。稻壳板不仅具有天然木材的加工性能，而且有防火、防蛀、防霉、隔热、吸声等优点，可用于家具的面板、侧板、室内外墙板、天花板等。一般每吨稻壳可制成 $1m^3$ 的板材，其使用价值可顶替 $3m^3$ 的原木。

稻壳制板目前有以下几种方法：

1）无黏结剂工艺。该方法的主要流程是：原料碾碎→筛选→拌酸→铺装成型→热压→冷却→整形→产品。稻壳粉末需过 40 ～ 60 目，硫酸浓度为 2 %，酸用量为稻壳重的 5 % ～ 8 %。热压的温度为 165 ℃，6.0 ～ 7.0MPa 压力下经 20 ～ 25min 即可获得密度为 1.1 ～ 1.3t/m³ 的板材。热压温度越高，时间越短。

2）树脂黏结工艺。稻壳板一般可用脲醛树脂或酚醛树脂作为黏结剂。黏结剂的性能直接影响制板质量和加工成本。国内主要用价廉的脲醛树脂作黏结剂。

该方法的工艺流程：稻壳粉碎→筛选→掺树脂及添加剂→拌和→铺装成型→热压→冷却→整形→成品。

加工条件：加胶量为 14 %，压力 8.2MPa，温度 140 ～ 145 ℃，时间 18 ～ 20min。用脲醛树脂作黏结剂，主要原料有甲醛、尿素和固化剂氯化铵等。

也可用无机物作黏结剂，据初步试验，用 50kg 稻壳与一种含硅藻土 20g、硅酸钙 60g、氧化锌 10g 和黄麻纤维 5g 的混合物混合，进行热压，可得一定强度的板材。这项工艺仍在研究中。

（2）制水泥。

取稻壳灰 50 % ～ 90 %、石灰或熟石灰 10 % ～ 15 % 进行混合加工，可以制成水泥。

（3）制砖。

在制砖泥土中加入适量的稻壳粉，制作的砖坯容易干燥，而且在焙烧过程中很少产生裂纹。这种砖比一般砖质量轻，具有很高的硬度和抗冲击性能。

2.2.5.5　用稻壳生产酵母

利用味精厂的酸性废水水解稻壳可以制取酵母，其主要工艺流程如下：

摇瓶培养 → 扩大培养 → 再扩大培养 → 酵母

稻壳灰 → 水解 → 过滤

　　将稻壳灰与酸性废水按 5：100 混合，于 120℃下水解 1h，过滤，上清液即为 5%稻壳灰水解液。

　　在 500mL 三角瓶中装入摇瓶培养基（5%稻壳粉水解液，调 pH 为 3.2，不需灭菌）40mL，接入酵母Ⅰ号、Ⅲ号菌株，在 30℃、pH=3.2 条件下振荡培养 22h，酵母湿菌体收率可达 3.95%，作 200L 罐的种子用。然后在 200L 种子罐中装入种子培养基（与摇瓶培养基相同）120L，接入湿株酵母（接种量为 0.05%），在 pH=3.2、32℃、通风量 1：0.8 的条件下培养 18～20h，湿酵母收率达 48g/L，作为 1500L 罐的种子用。再在 1500L 罐中装入酵母生产培养基 930L，接入 0.5%的酵母泥，在 30℃、pH 3.2、通风量 1：1.1 条件下，培养 11～14h，酵母收率为 17.8～19.3g/L（干物质），平均为 18.9g/L。

　　此法以酸性废水为水解剂生产酵母，既处理了废水，化害为利，又可节省大量盐酸。稻壳水解后的大量残渣晒干后仍可作燃料。此外，这种方法还具有生产周期短、酵母产率高、工艺设备简单、成本低廉等优点，颇有推广价值。

2.2.6　玉米的综合利用

2.2.6.1　玉米的主要综合利用途径

　　玉米的主要综合利用途径如图 2-5 所示。

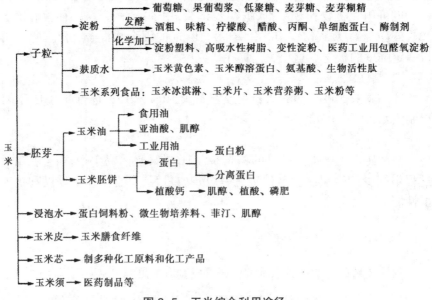

图 2-5　玉米综合利用途径

2.2.6.2　玉米综合利用技术

湿法工艺流程：

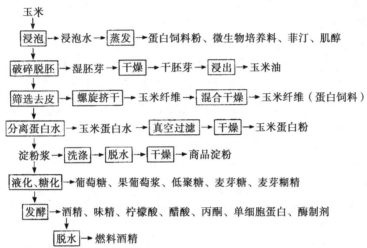

操作要点：

（1）玉米浸泡。

玉米经称量、净化、除杂后,进入浸泡池,池液亚硫酸钠的浓度在
0.20％～0.25％,浸泡 60～70h。完成浸泡后的稀玉米浆的浓度为
7％～9％,pH=3.9～4.0,浸泡水中含有丰富的维生素、生物素、矿物质等,
是微生物培养料很好的原料,也可用于制备蛋白饲料粉、菲汀、肌醇等。

（2）破碎脱胚。

浸泡后的湿玉米经输送泵进入破碎机,同时完成玉米的脱胚。湿胚
芽经干燥,干胚芽可通过压榨或浸出工艺生产玉米油,进而精炼为色拉
油,玉米油中亚油酸含量丰富,是一种十分好的食用油。

（3）筛选去皮。

玉米破碎脱胚后进行去皮,玉米皮经过螺旋挤干,得到玉米纤维,粗
玉米纤维可直接用作为饲料,如经过水洗、干燥可制得食用纤维,食用纤
维有人认为是第七营养素,可加入各种焙烤食品,如面包、饼干、糕点等,
也可加入饮料中。

（4）分离蛋白水。

纤维分离后,进入离心机,分离麸质水和淀粉乳,一般从顶部分离出
来的麸质水的浓度为 1％～2％,再送入浓缩分离机,底部的淀粉乳的浓
度为 19～20° Bé,经 12 级旋流器洗涤后的淀粉乳含水 60％,蛋白质含
量小于0.35％。淀粉有很多用途,它可以作为食品工业、医药工业的原料,

也可以用淀粉进一步生产各种用途的变性淀粉,如酶变淀粉、酸变淀粉、醛氧淀粉、高吸水性树脂等。

从顶部分离出来的麸质水,经过滤器进入浓缩离心机,经转鼓式真空吸滤机脱水,得湿蛋白粉,含水量为 50%～55%,用管式干燥机干燥,经冷却、包装后出厂。

（5）淀粉经淀粉酶液化。

根据液化时所控制聚合度的不同可得到低聚糖、麦芽糖、麦芽糊精,淀粉经液化后再经过糖化酶糖化、脱色、脱盐等工艺后得到葡萄糖,葡萄糖在异构酶的作用下,使部分葡萄糖变成果糖,果葡糖浆含果糖的比例有 42%、55%、90% 等。低聚糖、麦芽糖、麦芽糊精、葡萄糖、果葡糖浆在食品及医药工业中的用途非常广泛。

（6）发酵。

发酵以淀粉作为碳源,在酵母等微生物的作用下,可发酵生成酒精、味精、柠檬酸、醋酸、丙酮、单细胞蛋白、酶制剂等。酒精经脱水后,可作为燃料使用。

玉米青穗作为新兴的果蔬,不仅可以鲜食,而且可以速冻保鲜或制作玉米整粒罐头,黑玉米成熟籽粒是提取天然色素、加工黑玉米饮料和黑玉米营养品的理想原料。

2.2.6.3 玉米浸泡水及黄粉的利用

淀粉是食品工业和其他多种工业原料,生产原料为红薯、马铃薯、木薯、玉米、小麦等。据了解,全国淀粉生产厂有 350 多家,年产淀粉 200 多万 t。各生产厂使用原料因地制宜,就全国而言玉米淀粉产量最大。

在淀粉生产的同时产生大量副产品,如玉米浸泡水、淀粉渣、黄粉。此外,每生产 1t 淀粉还产生 15t 左右的废液。黄粉含 30%～40% 的蛋白质,按玉米计产率为 8%～10%。淀粉废液的主要成分是溶解性淀粉和少量蛋白质,其化学耗氧量为 5000mg/L 左右,排入江河或其他场所,对环境造成严重污染。

（1）玉米浸泡水。

玉米浸泡水是玉米淀粉生产的第一步,是将玉米浸泡于 0.25%～0.30% 的亚硫酸溶液中,将玉米取走后而留下的玉米浸泡水。浸泡温度 50～55℃,固液比为 1∶0.8～1,浸泡时间 48～72h,浸泡中每天对流循环,或搅拌 2～3 次。玉米浸泡水干物质含量 4%～6%,其中蛋白质含量 1%～2%,pH=4～5。

玉米浸泡水营养较为丰富,每 100mL 含有总糖约 0.62g,总氮 0.291g,

氨基氮 88mg,钙 10.6mg,镁 72.5mg,铁 1.2mg,磷 70mg,完全能满足细菌生长繁殖的要求。

玉米浸泡水可用来生产植酸钙、玉米浆及青虫菌生物农药。

（2）玉米浆生产法。

1）将玉米浸泡液过滤,除去沉淀物及一切杂质。

2）用真空薄膜浓缩器浓缩,至固形物含量 40％以上。浓缩条件:真空度为 0.667 ～ 0.107MPa,温度低于 70℃。

3）成品为深黄色至暗褐色稠状液体,浓度为 22° Bé。

（3）利用玉米浸泡水深层培养青虫菌。

1）概述。青虫菌农药是通过青虫菌发酵培养而得到的大量的青虫菌芽孢和伴孢晶体,与适量填充料,如 $CaCO_3$ 混合而制成的菌粉。这是一种新型高效杀虫剂,对菜青虫、玉米螟、稻包虫、黏虫、棉铃虫、松毛虫等几十种鳞翅目昆虫的幼虫,具有强烈的感染致死力,但对人、畜、植物无任何毒害,杀虫效果好,成本低,残效期长,只是不能用于防治蚕桑害,以免引起家蚕中毒。对菜青虫,喷洒 1000 ～ 3000 倍药液,有效率达 90％～ 100％,且对菜食用无影响,特称之为"健康菜"。

青虫菌属蜡样芽孢杆菌,G+,好气,短杆状 [（3 ～ 5）μm × 0.6μm],两端钝圆,粗壮,单个或 2 ～ 3 个连在一起。分裂繁殖。生长到一定时期繁殖速率降低,原生质浓缩凝聚,形成芽孢。当芽孢成熟时,其营养体放出一个芽孢和一个梭形或不规则四边形结晶体,称作伴孢晶体。它能破坏害虫肠道,在虫体内繁殖,并使之死亡。经武汉大学生物系鉴定,青虫菌系苏云金杆菌蜡螟变种。

黑龙江省哈尔滨市淀粉厂与市轻化工研究所合作,曾对玉米浸泡生产青虫菌进行过研究,并获得成功。

2）工艺流程如下:

培养基 → 发酵 → 加填充料 → 板框压滤 → 干燥 → 粉碎 → 菌粉
　　　　　↑
　　　　　菌种

3）操作要点如下:

a. 菌种培养。培养基:牛肉膏 0.3％,蛋白胨 1％,琼脂 2％,pH=7.0 ～ 7.2（灭菌后）。

活化:将菌种接种于试管内,在 30℃培养 54 ～ 58h,无杂菌,健壮,可作菌种。

茄瓶菌种制备:将活化菌种接种于茄瓶固体培养基上,培养 54 ～ 58h。

种子罐培养:培养基为玉米浸泡水,豆饼粉 0.5％,豆油 0.1％,pH=7.2（灭菌前）。罐温（30 ± 1）℃,罐压 0.03 ～ 0.05MPa,每分钟通风量(体积比)1∶1,搅拌速度200r/min,培养时间6~8h。

b. 发酵培养基。玉米浸泡水加豆粉1%,$MgSO_4$ 0.03%,$(NH_4)_2SO_4$ 0.03%,$CaCO_3$ 0.1%,用自来水调至含氮0.25%,碳氮比为2~4,最后加豆油0.1%,调pH至7.5~8.0。

c. 发酵。在罐温(30±1)℃,罐压0.03~0.05MPa,每分钟通风量(体积比)1∶0.84,搅拌速度180r/min的工艺条件下,培养12h菌数达高峰,糖和氮接近耗尽,12~16h绝大多数菌长出芽孢和伴孢晶体,18~20h芽孢晶体形成并即将脱落,发酵终止。

d. 过滤。常用板框过滤,初压0.03MPa,逐渐加压,终压0.25MPa,如有浑浊现象可适当降低压力。以滤液不浑浊、含菌数不超过0.3亿/mL为好。如滤液含菌数高则回收率太低。

e. 干燥。压滤完毕,关闭进料阀门,开进气阀,进行吹干,吹到无水滴为止。吹干一个板框关一个,全部吹干后卸板框。

f. 填充。发酵结束,将培养液从发酵罐放出,然后加培养液体积3%的轻质$CaCO_3$,用$Al_2(SO_4)_3$调pH至6.8~7.0,搅匀。

g. 烘干、粉碎。在温室50~60℃烘干,然后粉碎,过100目筛,菌粉即为成品。过滤后滤液也可直接喷雾干燥。风嘴压力0.22~0.24MPa,菌浆喷嘴压力0.03~0.1MPa,空气进口温度120~130℃,出口温度不低于75℃。

4)成品检查。青虫菌粉剂主要检查活孢子数,常用稀释培养法测定。
准备工作:

a. 培养基:蛋白胨1%,牛肉膏0.3%,葡萄糖0.3%,NaCl 0.3%,琼脂2.0%,调pH至7.0~7.2。配好后分装于500mL三角瓶中,灭菌。

b. 稀释用水:用300mL三角瓶装100mL 0.85% NaCl生理盐水,加几十粒玻璃珠,塞好棉塞,高压灭菌,计量灭菌水体积。

c. 器皿灭菌:将要用的吸管、培养皿等器皿按常规方法包好,灭菌,备用。

检查方法:

a. 取样:按取样方法抽取菌粉约1g,精确称量,倒入稀释用水中,塞好棉塞。

b. 稀释:将装入菌粉的三角瓶振荡,摇匀,取1mL放入第二瓶,依法操作,直至得10^{-1}稀释液。

c. 接种培养:取10^{-1}稀释液1mL,放入培养皿,将培养基溶化,凉至45℃,倒入放有稀释液的培养皿中,每皿约8mL,摇匀,凝固,放入37℃温箱,培养16h,每个样品重复做4个培养皿。

d. 计数: 统计培养皿长出的青虫菌菌落, 求出 4 个培养皿的平均值, 以 A 表示。每个培养皿之间菌落数误差不能超过 20%, 否则重做。菌粉所含孢子数 (y) 为

$$y=A \times \frac{稀释培养数}{样品重量}$$

菌粉活孢子数一般应在 100 亿 /g 以上。

2.2.6.4 淀粉黄粉制取蛋白粉

淀粉生产中黄粉副产品数量较大, 按收料玉米计一般为 8% ~ 10%, 黄粉的蛋白质含量为 30% 以上。利用这种资源生产蛋白粉是比较理想的, 产品可作为糕点、饮料等食品添加剂和发泡粉。其生产方法如下:

1) 再加 2 倍水, 煮沸 10min, 冷至 80 ~ 90℃, 加淀粉液化酶和适量 $CaCl_2$, 调 pH 至 6.2 ~ 6.5, 搅拌, 液化 50min, 离心, 取沉淀。

2) 沉淀再加 2 倍水, 用石灰水调 pH 至 13 以上, 加热到 121℃, 水解 3h, 过滤, 取滤液。

3) 滤液加稀 H_2SO_4, 中和至 pH 为 6.5 ~ 7.0, 过滤, 弃沉淀。

4) 向中和滤液中加活性炭 1%, 加热到 70 ~ 80℃, 搅拌, 脱色 0.5h, 过滤。

5) 滤液在 60 ~ 70℃ 减压浓缩, 干燥, 粉碎, 过 100 目筛, 即为蛋白粉。其粗蛋白含量 60% 以上。

2.2.6.5 淀粉渣制蛋白饲料

淀粉渣可直接作饲料, 但是营养价值低, 又不能储存。很多淀粉厂产量小时供不应求, 产量大则腐败酸臭, 污染环境。为解决这个问题, 广东省微生物所、中山大学生物系、湖北襄阳生物化学研究所等做了大量工作, 研制成功淀粉渣生产菌体蛋白饲料, 使粗蛋白含量比原来提高 3 ~ 5 倍, 并且富有酶类及维生素, 是一种富于营养、容易消化、安全可靠的蛋白饲料。

广东省微生物所研制的产品名称为 4320 菌体蛋白饲料。不同的原料产品营养组分有所不同, 以薯渣为原料生产的 4320 菌体蛋白饲料的营养成分见表 2-11。

表 2-11 4320 菌体蛋白饲料营养成分

单位: %

营养成分	4320	培养料	营养成分	4320	培养料
水分	11.6	7.97	维生素 B$_1$	3.51	2.04

粗蛋白	22.6	5.91	维生素 B_2	17.3	6.79
粗纤维	7.01	9.35	磷	0.61	0.5
灰分	6 26	4.09	镁	0.40	0.27
粗脂肪	2.9	4.04	铝	0.068	0.066
无氮浸出物	49.6	68.6	铅	0.52	0.50
总能量	3.61	3.94	砷	—	<1
消化能	3.07	3.22	钙	1.23	0.83

由表 2-11 可见,淀粉渣经过发酵,碳水化合物减少,菌体蛋白增加,每消耗 2.21 ~ 2.38kg 可增加粗蛋白 0.5kg,同时维生素 B_1 和维生素 B_2 大量增加,并富有微量元素。重金属含量符合卫生标准。大量饲料试验证明 4320 菌体可代替或部分代替鱼粉及豆饼,用于生产配合饲料。

我们曾利用酵母和白地霉生产菌体蛋白饲料,工艺流程如下:

淀粉渣→压榨脱水→配料→接种→拌匀→入池发酵→出料→
通风控制品温
干燥→粉碎→成品

中山大学钟英长等以米曲霉和酵母共同发酵,采用固体通风工艺,淀粉渣蛋白质增加 3.6% ~ 5.5%,氨基酸组成达到优质饲料标准。饲料试验表明,发酵饲料使牛奶增产,肉类增重,蛋鸡产蛋率提高分别为 22%、15%和 6% ~ 9%。

2.2.7 薯类的综合利用

2.2.7.1 薯类的营养与保健功能

表 2-12 列出了部分谷类作物和薯类作物的组成成分,谷类作物和薯类作物的维生素和矿物质含量。从表 2-12 中可以看出,马铃薯、甘薯的水分含量比谷类高,如果在水分相同的情况下,马铃薯、甘薯的蛋白质含量比糙米、玉米、高粱等谷类高,有效糖类、热量也超过其他的粮食作物,薯类含有丰富的胡萝卜素、维生素 B_1、维生素 B_2、维生素 C、维生素 E、烟酸、铁、锌等,特别是维生素 C 十分丰富,胜过所有的谷类食品,甚至高于某些水果,可与柑橘媲美。

表 2-12　谷类作物食品和薯类作物食品的组成成分(每 100g)

| 食品 | 含水量 /(%) | 蛋白质 /(gN×6.25) | 粗脂肪 /g | 有效糖类 /g | 纤维 /g | | | 粗灰分 /g | 热量 /kJ |
					食用	不溶水	木质素		
糙米	14.0	7.3	2.2	71.1	4.0	2.7	0.1	1.4	1605
小麦	14.0	10.6	1.9	61.6	10.5	7.8	0.6	1.4	1568
玉米	14.0	9.8	4.9	60.9	9.0	6.8	0	1.4	1655
粟米	14.0	11.5	4.7	64.6	3.7	2.3	0	1.5	1651
高粱	14.0	8.3	3.9	57.4	17.8	12.4	3.0	2.6	384
黑麦	14.0	8.7	1.5	60.9	13.1	8.4	1.4	1.8	375
燕麦	14.0	9.3	5.9	63.0	5.5	3.9	0	2.3	392
马铃薯	77.8	2.0	0.1	15.4	2.5	1.9	0	1.0	70
木薯	63.1	1.0	0.2	31.9	2.9	2.2	0	0.7	133
甘薯	71.2	2.0	0.4	22.4	3.3	2.6	0	1.0	98

2.2.7.2　薯类的开发利用

(1)甘薯在工业上的加工利用。

薯类含有丰富的淀粉,利用薯干和淀粉为原料的加工产品有淀粉、酒精、白酒、味精、柠檬酸、果糖、葡萄糖、饴糖等,生产规模较大,在生产乳酸、丁酸、丁醇、丙酮、氨基酸、酶制剂、淀粉衍生物及深加工系列产品方面也有所发展。

利用丰富的甘薯资源,开发免蒸沸法酒精,降低成本,是今后的主要方向之一。此外,甘薯作为淀粉原料,也有广阔应用前景。一些应用较广、经济价值较高的淀粉深加工产品,如多孔环状糊精、普鲁兰、寡糖及各种酶制剂,也有待进一步研究与开发利用。

(2)甘薯、马铃薯的食品加工。

利用甘薯与小麦的混合粉生产面包,不仅松软可口,而且营养价值高。国内利用甘薯加工食品的品种有甘薯罐头、甘薯饮料、甘薯酸奶、甘薯乳酸发酵饮料、甘薯低糖果脯、甘薯果酱、甘薯饼干、蜜饯、薯糕、软糖、罐头、雪片、雪糕、煎饼、冰淇淋、巧克力、粉条、粉皮、膨化食品、多维面条、香脆麻花、虾味脆片、葱油酥饼、薯乳精、甘薯淀粉低聚糖及红心甘薯干等系列产品。

（3）甘薯副产品的饲料加工。

甘薯薯块、茎叶或加工后的副产品,可通过简单加工制成各种畜禽的良好饲料。不仅营养丰富,而且可延长饲料保质期,制作青贮料和发酵饲料,取代一部分玉米:在 35～60kg 育肥猪的配合饲料中薯干占 10.5%、茎叶占 5%;在蛋鸡、种鸡配合饲料配方中薯干占 8%,茎叶占 3%;在种鸡配合饲料配方中薯干占 7%,这些成分都是能量和纤维素的重要来源。

（4）作绿色蔬菜。

甘薯茎尖作蔬菜用营养价值很高。据化验分析:茎尖粗蛋白含量为干重的 12.1%～25.1%,与猪牛肉相当。茎叶和茎尖的蛋白质、脂肪、糖分、磷、铁等含量,均居于同类蔬菜之首。维生素中,以胡萝卜素、维生素 C 含量最高,是多种蔬菜不可比拟的。目前,甘薯茎尖在香港的高级宴会上被誉为蔬菜"皇后",成为不可缺少的佳肴,在香港地区市场售价 160 港元 /kg,而且货少,一旦有货,立即购光。我国甘薯茎叶充裕,若能解决保鲜与运输问题,前景甚为诱人。

2.2.7.3 薯渣生产柠檬酸钙

由薯干或鲜红薯生产淀粉,可产生 50% 左右的薯渣,处理这些"废渣",特别是生产旺季,常常是淀粉厂十分头痛的问题。上海市工业微生物研究所等单位,研制成功薯渣固体发酵柠檬酸,既开辟了节粮代粮生产柠檬酸新途径,又起到处理"废渣"、保护环境的作用。

薯渣固体发酵生产的柠檬酸钙,进一步水解则可制成柠檬酸。它是食品、化工、医药行业的重要原料,化学名称为 3- 羟基 -3- 羧基戊二酸,纯品为无色半透明晶体,或白色颗粒,具有酸味。由于结晶条件不同,有无水柠檬酸结晶和一水柠檬酸,分子式分别为 $C_6H_8O_7$ 和 $C_6H_8O_7 \cdot H_2O$。

薯渣生产柠檬酸钙的工艺流程:

$$薯渣 \rightarrow 粉碎 \rightarrow 发酵 \rightarrow 浸泡 \rightarrow 过滤 \rightarrow 中和 \rightarrow 洗涤 \rightarrow 干燥 \rightarrow 成品$$

（菌种 ↓ 发酵；滤渣 → 饲料）

（1）菌种培养。

菌种:黑曲霉（*Asp.usamii*）G_2-B_8,为得到大量黑曲霉孢子用于薯渣发酵,从斜面到三角瓶逐步扩大培养。

1）斜面培养:培养基用 4° Bé 麦芽汁加 2.5% 琼脂,配好,灭菌,接入菌种,置于 32℃ 培养 5～6d。时间不宜过长,防止菌种老化,降低产酸率。

2）三角瓶或克氏瓶种曲制备：培养基为麸皮 100kg，$CaCO_3$ 10kg，$(NH_4)_2SO_4$ 5kg，水 100kg。先将麸皮与 $CaCO_3$ 搅匀，将 $(NH_4)_2SO_4$ 溶于水中，再将干料与水混搅均匀，装瓶，塞棉塞，灭菌，冷却，接斜面菌种，放入 30 ～ 32℃、湿度 80% 的曲室内培养，使培养基内外都长满丰盛的黑曲霉孢子，操作方法与猪血发酵时米曲霉制曲大致相同。

（2）发酵原料配制。

薯渣固体发酵柠檬酸培养基配方见表 2-13。其中第一组用米糠作含氮辅料产酸率最高且稳定。其他各组产酸转化率也在 70% 以上。pH 一般以 6.5 ～ 7.0 为好。

表 2-13　薯渣固体发酵柠檬酸原料配方

组别	100kg 薯渣应加辅料		柠檬酸转化率 /（%）
	$CaCO_3$/kg	含氮辅料 /kg	
1	2	米糠 10	74.2
2	2	麸皮 16	72
3	2	尿素 0.4	73
4	2	$(NH_4)_2SO_4$ 0.7	70

薯提取淀粉或制粉条后的残渣，经过压榨至含水 70%，即可供固体发酵之用，但应新鲜，不霉，不腐败。

薯渣易腐败霉变，如要储存或长途运输，需经脱水干燥和粉碎。粉碎粒度达 2 ～ 4mm，2mm 以下的细粒也可用，但要与粗粒分开使用，以便控制补水量和蒸料灭菌条件。如干料不粉碎，水吃不进，料蒸不透，薯渣与辅料混合不匀，灭菌不能彻底，发酵时易污染。

料灭菌可采用加压蒸料或常压蒸料。加压蒸料锅内压为 0.1 ～ 0.15MPa，需 60min。常压蒸料需 90min。蒸料灭菌时间不宜太长，以免原料焦化，产生褐色素。

蒸料时，原料水分低于 65% 为宜。含水量高，蒸出的料发黏，结团，不利发酵。发酵要求含水量 71% ～ 77%，所以蒸料后应立即出锅摊晾于清洁灭菌的场地，也可用扬麸机、鼓风机加速冷却，像酿酒工艺一样。当品温降至 37℃ 时补水分至其含水量 71% ～ 77%，搅匀。补加的水要煮沸 10min，冷却使用。

（3）接种，装盘入室。

种曲接种量为 0.2% ～ 0.3%。接种后迅速装盘，厚度为 4 ～ 7cm，为使料质疏松，气温高时装薄些，低时装厚些，装盘后速放入发酵室架上培养。

（4）发酵。

1）发酵时间：发酵 20h 料呈浅黄色，可见绒毛状气生菌丝，36h 出现细小灰白色秆子头，48h 后孢子转棕色，96h 料面孢子密集，呈棕褐色，料块水分减少收缩，发酵 48h 后开始测定柠檬酸，产酸最高时发酵结束。用米糠作辅料，一般发酵 96 ～ 120h，用无机氮作辅料发酵时间较短，为 72 ～ 96h。发酵过程及时掌握发酵时间，发酵时间延长时柠檬酸含量会下降。

2）品温的控制：品温变化有 3 个阶段，18h 以前品温与室温基本相同；18 ～ 40h 品温上升，可达 40℃；48h 后品温下降至 35℃，一直到发酵结束。品温高峰期可高于 40℃，但不要超过 45℃，以免烧菌。这是产酸关键时间。发酵室上下架品温差异很大，在发酵 40h 左右应将上下盘对调一下。

3）湿度：发酵室要保湿，太低黑曲霉长不好，太高易长毛发霉。湿度要适当，保持相对湿度为 85% ～ 90%。

4）糖化酶活性与产酸：薯渣固体发酵柠檬酸是糖化和产酸一元化发酵。糖化是产酸的前提，在发酵 48h 时糖化酶活力最高，其最适 $pH=4.5 ～ 6.0$，在 $pH=2.0 ～ 3.0$ 仍有 80% 活力，薯渣发酵 35h 后酸度多在 $pH=2.0 ～ 3.0$，所以淀粉可继续糖化，不断提供产酸糖源。由于糖化酶最适作用温度为 65℃，因此要控制好品温，即使在第三阶段最好也维持在 35℃以上。

5）防止杂菌污染：杂菌污染是薯干发酵柠檬酸失败的重要原因，常污染的杂菌有两种——芽孢杆菌和青霉。导致污染的原因有种曲带杂菌、原料灭菌不彻底及操作带入的杂菌。前期易染芽孢杆菌，后期产酸适宜青霉生长。

6）柠檬酸提取：浸曲用水泥池，内衬塑料软板，池周有数个放液口，浸曲液比为 1:（3 ～ 4），常温浸曲，每次浸泡 30min，直至浸出液酸度在 0.5% 以下，总浸出率达 95% 以上。

7）去杂质，中和：加热煮沸浸出液，使蛋白质变性析出。过滤，滤液放入中和槽，加热至 60℃，保温，徐徐加入 $CaCO_3$，边加入边搅拌，至达到中和终点并且钙不过量，反应 0.5h，柠檬酸钙析出。

中和终点检查：取 1mL 中和液，加 20mL 蒸馏水和 1% 酚酞指示剂 2 滴，用 0.1mmol/L NaOH 溶标滴定，耗量不超过 0.2mL。超过要继续中和。

$CaCO_3$ 限量检查：取沉淀的湿柠檬酸钙，加 3mol/L HCl，不应产生显著气泡。否则，要再加适量浸曲液进行反应。

（5）过滤、洗涤、干燥。

中和液用甩干机离心或过滤，沉淀用 80℃温水洗涤。取 20mL 洗涤液，加 1～2 滴 1% $KMnO_4$，经 3min 不褪色，则洗涤合格。将沉淀放入烘房，于 90～95℃烘干，至含水 14% 以下，则为成品柠檬酸钙。

（6）柠檬酸钙质量。

质量要求：柠檬酸钙 [$Ca_3(C_6H_5O_7)_2 \cdot 4H_2O$] 的质量指标见表 2-14。

表 2-14　柠檬酸钙的质量指标

项目	指标
形状	白色颗粒或粉末
含量	>95%
$CaCO_3$-盐酸水溶液	取 2g 柠檬酸钙加入 20mL 6mol/L HCl 溶解时无显著气泡产生，稀释至 100mL，无明显水溶液

2.3　油料副产品的综合利用

2.3.1　豆渣的综合利用

2.3.1.1　豆渣的成分

豆渣是豆奶加工中主要的副产品，占全豆干重的 15%～20%，主要成分为膳食纤维、蛋白质、脂肪。此外，豆渣中还含有部分灰分、抗营养因子等物质，其含量随大豆品种的不同而异。豆渣与大豆中主要成分的比较见表 2-15。

表 2-15　豆渣与大豆中主要成分(干基)的含量(质量分数)

单位：%

成分	粗蛋白	粗脂肪	碳水化合物及粗纤维	灰分
大豆子粒	30～45	16～24	20～39	4.5～5
豆渣	19.6	6.3	703	3.8

2.3.1.2　豆渣的利用现状

近年来,随着人们对豆渣中各种成分研究的日益深入,对其开发价值也有了新的认识,尤其是大豆纤维的功能,已日渐为人们所接受,其制成的食品种类多,成为当今国内外市场热销的保健食品之一。

国内外对豆渣实现工业化生产的综合利用主要是制作膳食纤维、油炸食品、烘焙食品等。

2.3.1.3　豆渣的开发利用

（1）制备豆渣膳食纤维。

据报道,大豆渣所含食物纤维中,非结构性水溶多糖占 2.2%,半纤维素占 32.5%,纤维素占 20.2%,木质素占 0.37%,是十分理想的膳食纤维源。日本已用豆渣等产品开发食物纤维片。国内已有将豆渣制取膳食纤维的工艺,其基本工艺流程如下:

豆渣→水洗除杂质→脱臭→脱色→干燥→超微粉碎→过筛→调粉→产品

由于豆渣经蛋白酶、脂肪酶等处理后的总膳食纤维干基含量可达 60%,而且含有约 20%的蛋白质,加入食品中可同时提高膳食纤维与蛋白质的含量。所以,将豆渣制备成膳食纤维是一条利用豆渣的有效途径。

虽然豆渣是一种很好的食用纤维源,但因其含有浓重的豆腥味而让人闻而生畏。经研究表明,可行的脱腥方法包括用 1%碱浸泡、碱水浸泡后湿热处理、高温高压湿热处理、乙烷或乙醇等有机溶剂抽提法,水蒸气馏出法,用酶或发酵转变豆腥味化合物成无异味成分方法及添加香味料掩盖法等。张志良等人采用灭酶脱臭方法,豆渣先经过加热处理,将豆渣加热到 85℃以上使酶完全失去活性。加热后的豆渣经风吹晾至 60℃进行真空脱臭处理,将存在于豆渣中的挥发性物质抽走,同时将豆渣冷却到 40℃。

脱臭（腥）处理是大豆纤维制备的首要步骤,脱臭（腥）后脱色,再经干燥、粉碎和过筛后即得食用纤维粉。该产品外观呈乳白色,粒度近似于面粉,含膳食纤维 61.17%,蛋白质 17.61%,其持水力为 700%,1g 纤维在 20℃的水中可自由膨胀至 7mL,将其添加到食品中,既可提高膳食纤维的含量,又有利于提高蛋白质的含量。

豆渣膳食纤维既可用于各种以降脂、减肥、改善胃肠道等功能为主的保健类胶囊产品中,也可单独制作此类膳食纤维胶囊,以适应大众或部分人群食用。此外,豆渣膳食纤维还可添加在糕饼中,可显著提高糕饼的保水性,增加糕饼柔软性和疏松性,防止储藏期变硬。

（2）作为发酵培养基的基料。

由于豆渣中含有的多种营养成分,其在许多物质的发酵生产中可作为基料有效利用。目前颇具开发潜力的途径如下。

1）制备核黄素。其工艺流程:

豆渣→压干→掺和→装瓶→杀菌→冷却→接种→培养→

（掺和上方标注:米糠饼）

烘干→粉碎→核黄素成品

操作要点:

a. 掺和:先将无霉变、无污染的新鲜豆渣压榨脱水,至手捏能成团不散开及指缝间见水而不滴为止。然后按豆渣:米糠饼 =8.2：7.3 的比例掺和,充分搅拌均匀。原料水分应控制在 50% 左右。

b. 装瓶杀菌:将掺和物装入瓶中（装瓶至 2/3）,内容物料松紧适中,立即用四层纱布封口后,外盖上一层防水纸。应用高温消毒灭菌,灭菌蒸汽压力一般为 0.1MPa,维持 40min 后取出。

c. 冷却、接种:取出灭菌的料瓶,移入消毒过的接种室,冷却至 25℃后,进入接种箱,用依利蒙真菌的固体豆渣菌种进行接种,立即封口。

d. 培养:将接种后的料瓶移入已消毒的培养室,于 25℃保温培养 15 ～ 20d,保温期间,应每天轻摇瓶一次。

e. 干燥、成品:培养结束后,取出瓶中物料,干燥（80 ～ 90℃）,最后磨成粉、过筛,得核黄素成品。

本产品可供畜禽配合饲料作维生素添加剂。

2）制备糖类。日本不二制油公司以豆渣为原料,研制出了可用作可食水溶性膜、饮料的大豆多糖类产品。

3）制豆渣豉。豆渣主要是去除了大豆中的可溶性蛋白和大部分微量成分,不溶性大分子蛋白则残留其中。所以,如对以豆渣为基础的培养基适当改造,选用合适的菌种进行发酵,完全可以实现豆渣豉的规模化生产。如果菌种得当,相信豆渣豉会是一种全新的豆渣综合利用食品。豆豉、纳豆与丹贝等传统豆类发酵制品基本都以黄豆为原料制备,而豆渣同样具备黄豆中的许多营养成分,所以可以探索在其中添加部分营养成分的方法进行类似豆豉、纳豆与丹贝类发酵调味品的研究,而且可以尝试采用异于传统发酵菌种的菌株进行试验。

（3）素肉的原料。

素肉主要是以组织化大豆蛋白为原料,经双轴挤压、调味等制成的。

将豆渣组织化或直接加工成素肉制品,不但可以适应现代"富贵病"患者的需要,而且可以缓解国内市场素肉制品原料成本居高不下的问题。目前已有采用在豆渣中添加 $CaCl_2$ 等蛋白质凝固剂的方式,再经双轴挤压加工成的素肉食品,其色、味和口感与普通肉并无差别,而且成本低廉。目前较受欢迎的素肉品种有素肉汉堡、素肉香肠、素肉三明治等。

(4)可食包装纸。

随着开发可降解而无污染的包装材料成为热点,以豆渣为原料开发的可食包装纸,恰恰顺应这种潮流。目前,日本酒井理化学研究所已研制成功此类产品。国内也有研究单位将制备的豆渣膳食纤维与山芋混合,制成了豆渣可食包装纸。可食包装纸市场广大,工业化生产大有可为。

可食包装纸生产工艺如下:新鲜豆渣与缓冲液中脂酶及蛋白酶混合,并不断搅拌,在 35 ~ 40℃反应 5 ~ 8h,以除去豆渣中的脂质和蛋白质。用酶处理后的豆渣,按常规方法进行水洗后,提取食物并加以干燥,即可获得无味无臭、稳定性好的食用纤维。根据需要,添加黏性物山药、家山药、糊精、低聚糖及类似的物质作为"黏合物",即可制成溶解纸。该纸张很容易溶化,是一种不用撕就可以吃的纸。

(5)大豆膳食纤维食品。

1)豆渣纤维饮料。

工艺流程:

豆渣→蒸煮→酶处理→过滤→调配→均质→装罐→杀菌→成品

操作要点:将含水 37％豆渣按湿豆渣∶水 =0.5∶1 调匀,然后在 121℃下保持 8min,待豆渣冷却到 40 ～ 50℃,用柠檬酸调 pH 至 3.3 ～ 3.5,加入 0.12％的复合纤维素酶酶解 1h,然后升温至 90℃灭酶 10min。按灭酶过滤后豆渣液 60％、白砂糖 10％、柠檬酸 0.15％、稳定剂 0.15％(0.07％黄原胶 +0.085％ GH 胶粉)、蔗糖脂肪酸酯 0.2％调配后加热至沸。在压力 25 ～ 35MPa 下均质 2 次。

产品状态稳定、流动性好、口感圆润爽滑。其理化分析结果为:固形物 11.9％,蛋白质 3.8％,脂肪 2.6％,糖分 10％,纤维 1.0％,灰分 0.6％。

2)豆渣膨化食品。

配方:大豆渣 30％～ 70％,淀粉 70％～ 30％,调味品和食用油少量。

工艺流程:

```
                         淀粉
                          ↓
豆渣 → 蒸熟 → 粉碎 → 配料 → 高压蒸煮 → 低温冷却 → 切片 →
干燥 → 粉碎 → 调节水分 → 膨化 → 调味 → 干燥 → 装袋 → 成品
```

该产品呈黄色,酥而无粗糙感,含水分 9.67%,脂肪 1.98%,蛋白质 4.23%,纤维素 3.12%。

2.3.2　花生仁红衣提取止血药品

2.3.2.1　宁血片的生产

宁血片的生产工艺流程:

花生种衣 → 筛选 → 水洗 → 煎煮 → 过滤 → 浓缩 → 烘干 → 粉碎 →
　　　　　　 ↓　　　 ↓　　　　　　 ↓
　　　　　 杂质　 废水　　　　 除渣

配料 → 造粒 → 轧片 → 检验 → 包装 → 宁血片成品

操作要点:

在宁血片的生产中,首先要选用没有霉坏变质的花生仁,经低温烘干脱皮即得种衣。为了防止种衣中的有效成分受到破坏,烘干温度以不超过 85℃为宜。

(1)筛选、水洗、煎煮、过滤。

将所得种衣用 30 目筛网筛选除杂,再用清水洗涤,以除去尘土等杂质。然后将清洁干净的种衣放入煎煮锅内,加入约 8 倍的清水,用间接蒸汽的热煎煮 2h。其目的是使原料中的有效成分尽可能多地溶解在水溶液中,将煎煮后的溶液放出,用 50 目筛过滤。滤液沉淀 2~3h,取上层清液。

(2)浓缩、烘干、粉碎、配料。

将清液放入浓缩锅进行浓缩,浓缩成黏稠液体。取出后放入烘干室低温烘干,烘干温度不超过 85℃,以免破坏药物的有效成分。已烘干的块状浸膏(得率为原料的 4%~5%),经粉碎成粉,然后进行配料。配料的比例是:药粉 1000g,白糖 160g(食用白糖粉碎到细度与药粉相同),药用淀粉 240g,把原料混合并搅拌均匀。

(3)造粒、轧片、检验、包装。

造粒时,每 100kg 药粉要加入浓度为 70%~75%的酒精 10~15kg,以增强黏度,保证药片质量。要边加酒精边搅拌,随时观察,注意掌握粒度适中,过 30 目筛,使颗粒均匀适当,装入密闭的容器里,放在阴凉干燥处,随用随取,以免酒精挥发,药品过干,影响轧片质量,造粒完毕,进行轧片,轧出的药片要求结实、光滑,保证质量,最后检验包装,每瓶 100 片,每片含花生种衣浸膏 0.25g。

2.3.2.2　止血宁注射液的生产

止血宁注射液的生产工艺流程：

花生种衣→浸泡→初蒸馏ᵀ馏液→复蒸馏ᵀ馏液→等渗调节→灌封→

残渣残存液制取止血糖浆

操作要点：

（1）浸泡。

每 100kg 花生种衣加净水约 700kg,浸泡 10h（夏天为 5h）。

（2）初蒸馏。

将浸泡后的花生种衣连同水溶液一起置于蒸馏锅中,用 98～147kPa 间接蒸汽加热,进行蒸馏。通过不锈钢冷凝器收集蒸馏液,蒸馏液最初呈透明乳白色,后变为无色,收集到 200kg 为止。蒸馏锅内的残存液可作为制取宁血糖浆的原料。

（3）复蒸馏。

将上述蒸馏液放入搪瓷蒸馏釜中进行复蒸馏。用以加热的间接蒸汽压力为 196kPa,当收集到 100kg 冷凝液时即可停止蒸馏,锅内的残存液也作为制取宁血糖浆的原料。

（4）等渗调节。

于复蒸馏液中加入 0.9% 的药用 NaCl,使成等渗液,并调节 pH 近中性,再加入 0.01% 的活性炭脱脂。

（5）灌封。

将调节好的等渗液经漏斗抽滤至透明度合格,然后灌于洁净无菌的安瓿内。

（6）灭菌。

灌封后的安瓿还要用 98kPa 蒸汽灭菌 30min,并做漏头试验检查。

成品包装规格为 10mL、20mL 安瓿或 100mL 盐水瓶。储存时应放在阴暗避光处,以防药品变质。

2.3.2.3　宁血糖浆的生产

宁血糖浆是止血宁注射液制取过程中的另一项产品,制取的主要工序如下：

（1）浓缩。

将制止血宁注射液的初蒸馏及复蒸馏两项残存液(除去花生种衣)

合并进行浓缩,浓缩至 100kg 为止。

（2）配制。

在 100kg 浓缩液中配加下列物质并混合均匀：白糖 10kg,糖精 15g,苯甲酸 200g,香精适量。

（3）装瓶。

将配制成的糖浆装封于洁净的瓶内,并使其符合无菌要求。

本品储存时应放在凉爽避光处,使用时视病情口服适量。

花生种衣还可以用来制取花生色素。花生食用色素,在受热后吸光值略有增加,在紫外线照射下 30h,吸光值为原来的 50%。由于花生食用色素具有以上特点,因此,在香肠等食品中以 0.02% 的比例添加花生食用色素,使其有明显的抗氧化作用,有利于食品的保存。

花生皮经热水抽提,抽提液浓缩干燥后,应用各种层析法单离其活性成分,发现花生皮内含有毛地黄黄酮、芦丁、异鼠李黄素配糖体等黄酮化合物、β – 谷固醇及其配糖体;特别是含有能抑制透明质酸酶活性的 6 种天然前花色素等活性成分,其中有 3 种前花色素系为新发现,非常令人瞩目。

2.3.3　油料皮壳的综合利用

油料种子都是由子仁和皮壳两部分组成的。有些油料种子,如大豆(大豆种皮仅占子总质量的 5% ～ 10%),往往不经去皮即可加工取油;但有些油料种子,如棉籽、茶子、花生,外层皮壳很厚,有的占种子质量的 30% ～ 60% 以上,如花生壳占整个花生质量的 28% ～ 32%,这些油料皮壳过去作燃料、饲料,没有合理利用,近些年来,我国在开展油料皮壳的综合利用方面取得了较好的成绩。

油料皮壳的主要成分：半纤维素占 15% ～ 40%；纤维素占 30% ～ 45%；木质素占 12% ～ 30%；其他成分含量很少。这些成分经过加工可以制成多种产品。

2.3.3.1　油料皮壳中半纤维素的利用

半纤维素是一类与纤维素相似的多糖,具有溶于碱溶液和容易被酸水解的特性。半纤维素是聚戊糖、聚己糖等的复杂混合物,其分解产物主要是木糖、甘露糖及半乳糖等。一般的油料皮壳及农副产植物纤维原料如棉籽壳、向日葵壳、油茶果蒲壳、茶子壳、玉米芯等含聚戊糖较多。

（1）生产糠醛。

糠醛又称呋喃甲醛。油料皮壳中的聚戊糖水解形成木糖和阿拉伯糖等戊糖，戊糖脱水可制得糠醛。常采用稀酸加压水解法生产糠醛。

原材料选用富含聚戊糖的植物纤维原料。表2-16为几种主要糠醛生产原料的理论含醛量。

表2-16 几种主要糠醛生产原料的理论含醛量

名称	理论含醛量/（%）	密度/（kg·m^{-3}）	名称	理论含醛量/（%）	密度/（kg·m^{-3}）
油茶果蒲壳	18.16	311.5	棉籽壳	17.50	220.0
茶子壳	19.37	714.3	稻谷壳	12.00	110.0
玉米芯	19.00	140.0			

糠醛可作为工业溶剂，还可用于合成树脂及塑料、合成纤维、合成橡胶、合成医药和农药、合成染料等。此外在食品工业、电子工业、国防工业、皮革等方面均有用途。

（2）生产木糖醇。

用富含聚戊糖的原料（如油茶果蒲壳、玉米芯和甘蔗渣等）可生产木糖醇。

工艺流程：

原料预处理→半纤维素水解→水解液净化→氢化→结晶→木糖醇

聚戊糖在一定的条件下水解生成木糖，木糖经高压加氢即可得木糖醇。以油茶果蒲壳为原料，其得率以及各项质量指标和玉米芯木糖醇基本相同，一般每8～12t油茶果壳原料即可生产1t木糖醇。

木糖醇生产属小型有机合成，工艺流程长，所需设备要求较高，大部分需用耐酸衬里或不锈钢制作，少部分还要在7.8～9.8MPa的压力下操作，需要有一定的化工技术力量。

我国木糖醇生产当前面临的主要问题是：工艺技术落后，设备性能差，得率低，成本高。要提高木糖醇得率关键在于提高各工序的得率，降低各工序的木糖消耗，改进水解工艺。提高水解糖浓度也是提高木糖醇生产得率的重要措施之一，它不仅能减少蒸汽消耗，提高蒸发器的生产能力及蒸发效率，而且可提高木糖醇产量，降低煤耗和生产成本。提高水解液糖浓度的主要途径有洗涤液套用、改单罐水解为双罐水解、采用连续水解法等。

2.3.3.2　油料皮壳中纤维素的利用

纤维素在油料皮壳中占 30%～45%，是由葡萄单糖所构成的直链状分子化合物，如将原料中的纤维素采用稀酸加压水解或酶水解，可制得葡萄糖，葡萄糖经发酵后还可制得酒精、丙酮、丁醇、甘油、味精、抗生素等；葡萄糖也可以发酵生产酵母，这是一种很好的补充营养物，既可为人类提供高蛋白食品，又可作饲料，补充一般饲料中蛋白质含量的不足；同时可利用纤维素来制取羧甲基纤维素等多种产品。

2.3.3.3　油料皮壳中木质素的利用

木质素（木素）是存在于植物纤维中的一种具有芳香族结构的高分子化合物。植物纤维原料经两次水解后剩下水解木素，其成分复杂，一般包含有木素（包括变化了的木素）、多聚糖、木素果胶综合物、单糖、酸、灰分等物质，过去国内作燃料处理。

国外对水解木素的研究利用已有很大进展：在黑色冶金工业中作为焦炭的代用品；在有色冶金工业作为木炭、焦油、煤炭的代用品；在建材工业中用于生产砖、水泥等；高温炭化可制取工业用活性炭，活性炭是一种优良的吸附剂，广泛用于制糖、油脂、制药、味精、食品、化工、环保、冶金、炼油等各行业的脱色、脱臭、除杂、分离等。

近几年，国内对水解木素的利用也正逐步深入。以糠醛渣为原料，现已生产和试制了各种产品，如邻醌植物激素、活性炭、甲硫醚等，也可直接用作肥料和燃料。例如，油茶果蒲壳及其生产糠醛的残渣均是生产活性炭的优良原料，在国内生产中已被广泛应用。利用油茶果蒲壳为原料生产活性炭，综合性能好，各项质量指标完全可以达到其他果壳活性炭的水平，其活性得率高、原料消耗以及生产成本也接近或优于其他木质素原料。生产活性炭的方法主要有氯化锌活化法（化学法）和气体活化法（物理法）。

2.3.3.4　油料皮壳在其他方面的利用

（1）制取黏结剂。

酚醛树脂黏结剂是国内外木材加工行业所用的主要胶种之一，但酚醛树脂所用原料苯酚来自石油和煤焦油化工。我国资源不足，价格较高。

花生壳中含有一定量的多元酚化合物，对甲醛具有较高的反应活性，可用来代替或部分代替苯酚制备酚醛树脂黏结剂，其工艺流程如下：

笨酚、甲醛

花生壳 → 碱浸 → 碱提液 → 类酚醛树脂黏结剂

用花生壳碱提取液取代 40％的苯酚所制备出来的酚醛胶,在用来黏合胶合板时表现出良好的黏合性能,同传统的酚醛树脂胶相比,热压时间缩短。

（2）制纤维板。

将花生壳、向日葵壳、棉籽壳等原料烘干粉碎,可经黏结剂浸润后热压生产各种型号的纤维板,可作天花板、隔声板、家具等,同用碎木片制作的碎料板相比,这种用花生壳制作的纤维板不容易吸潮,不易燃,抗白蚁破坏,而且树脂黏结剂少用 10％～15％。

（3）制药。

花生壳中含有多种药用成分,如 β－谷甾醇,具有降血脂作用。还含有木樨草素,是一种黄酮类化合物,具有镇咳、降血压、治疗冠心病的功效。因此,可用花生壳制成浸膏片及生粉片,用于治疗高血压及高血脂等疾病。

（4）作培养基。

用棉子壳、花生壳、油茶果蒲壳等作培养基,可培养出各种食用和药用真菌,如蘑菇、平菇、草菇、猴头菇、银耳、灵芝等,与锯木屑作培养基相比较,可简化工序,节约大量的麸皮、食糖、石膏及木材。如利用油茶果蒲壳为培养料可栽培香菇、平菇、凤尾菇等食用菌,培育出的香菇菌丝粗壮、浓密、雪白、菇蕾多、菇形正常、菇体大小适中,可产鲜菇 9kg/m² 左右,菇肉鲜厚、蛋白质和维生素都高于段木或木屑香菇。经品尝认为:油茶果蒲壳栽培的香菇肉嫩味鲜,干菇菇色好,香味浓郁,佳于木屑栽培的香菇。培育的平菇和凤尾菇,在形态、食味、产量等方面亦优于稻草培养基。

除上述利用油料皮壳制取一系列产品之外,还可用棉籽壳、油茶果蒲壳经烧灰、浸提、浓缩、精制提取碳酸钾;油茶果蒲壳含有 9.23％的鞣质,经预处理、水浸提、过滤澄清、蒸发、干燥、净化,可制得栲胶;油茶果蒲壳及其水解残渣中的纤维素,经水解（或二次水解）中和、浓缩、真空蒸馏,又可生产乙酰丙酸。其中,栲胶是制革工业的主要原料,乙酰丙酸广泛用于医学、食品、轻化、有机合成（合成橡胶、纤维、增塑剂等）等工业,碳酸钾则可制造高级玻璃、医药及染料的助溶剂和某些纤维的洗涤剂等。

2.3.4　油脂副产品的综合利用

在植物油厂,植物油精炼过程中会得到油脂碱炼皂角、油脂水化油角、蜡糊等副产品。油脂副产品的开发利用内容很多,这里主要介绍磷脂、脂肪酸和肥皂的制取。

2.3.4.1　大豆磷脂的提取

从毛油中提取磷脂,既可提高油脂的质量,又能提取有用的工业、医药原料。食用磷脂一般从大豆油水化油角中制取。

（1）磷脂的制取。

用毛油脱胶后得到的水化油角可制取磷脂系列产品,如浓缩磷脂、流质磷脂、漂白流质磷脂、粉状磷脂、分提磷脂等。

1）浓缩磷脂的制取。可采用间歇法或连续法制取浓缩磷脂,工艺流程如下：

$$水化油角 \rightarrow 浓缩 \rightarrow 冷却 \rightarrow 产品$$

从水化脱胶得到的水化油角,丙酮不溶物含量以 50% 左右为宜。浓缩磷脂的水分含量应小于 1%,丙酮不溶物的含量为 60% 左右,苯不溶物的含量为 0.2%,酸价 35 以下,过氧化值 10 以下,色泽 9（Gardner）。

2）流质磷脂的制取。为了使用磷脂时方便和增加浓缩磷脂的流动性,防止浓缩磷脂和油脂分层,保证磷脂质量的稳定,在真空浓缩时加入一定量的混合脂肪酸或混合脂肪酸乙酯作为硫化剂,得到的产品在常温下能保持流体状态,这种磷脂产品称流质磷脂。

流质磷脂的生产工艺与浓缩磷脂基本相同,只是在水化油角浓缩到水分为 10% 左右时,加入硫化剂,继续浓缩到水分合适为止。

流质磷脂的丙酮不溶物含量在 58%～60%,在 20℃ 时产品能够流动。

3）漂白流质磷脂。为了满足浅色食品的需求,在油角浓缩后期加入氧化剂,使磷脂颜色变淡,成为淡黄色可塑性磷脂,这种磷脂产品称为漂白磷脂。常用的氧化剂为过氧化氢（双氧水）和过氧化苯甲酰。

4）粉状磷脂。在浓缩磷脂中还含有较多的油脂、脂肪酸,黏度较大。由于某些应用需要纯度较高的磷脂,因而要求磷脂无异味、浅色无油。利用丙酮能溶解油脂和脂肪酸而磷脂不溶于丙酮的性质,采用丙酮萃取油脂和脂肪酸,得到高纯度的粉末磷脂。

工艺流程：

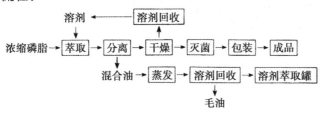

粉末磷脂为黄色或淡黄色粉末状,其中丙酮不溶物含量在95%以上,苯不溶物含量为0.3%以下,乙醚不溶物含量在0.4%以下,砷及重金属含量符合食品添加剂标准规定。粉末磷脂可采用微胶囊技术包埋,作为磷脂保健食品。

5)分提磷脂。利用磷脂在一些溶剂中溶解度的不同,用溶剂萃取磷脂,分离和提纯某些磷脂组分,得到的产品称分提磷脂。一般使用乙醇萃取,得到含有较高卵磷脂成分的分提磷脂产品。

工艺流程:

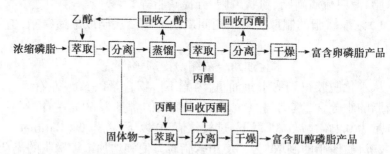

磷脂的研究开发大体可分为三个方面:①磷脂医药保健品的开发;②食用磷脂功能助剂的开发,包括营养添加剂、食品乳化剂、儿童食品添加剂、速溶食品喷涂剂、面包烘焙剂、饼干起酥剂、冰淇淋乳化剂、面粉强化剂、巧克力包衣剂等;③工业用磷脂助剂的开发,包括高档工业品的乳化剂、光亮剂、渗透剂、分散剂、加脂剂、润滑剂、柔软剂等,特别是在化妆品工业,可开发出香皂、洗发香波、护肤膏、高级浴液、护手霜、防晒油、唇膏等高级化妆品。

(2)磷脂的用途。

1)食品工业的应用。

a.生产人造奶油和起酥油。早期的人造奶油生产使用的乳化剂主要是磷脂(或用鸡蛋)。目前,生产人造奶油除了合成乳化剂外,磷脂也是重要的乳化剂之一。

b.生产烘焙食品。在面包、饼干和糕点的面团中添加磷脂,利用其乳化性质可改进面团的吸水作用,使食品酥脆、美味可口。

c.生产糖果。各种糖果制品中,加入磷脂有助于糖浆和油脂的快速乳化,可提高润湿效果,还降低了原料的黏度,有利于操作,增加产品的均匀度及稳定性,而且又是很好的脱模剂。

d.生产饮料。在粉末或结晶饮料方面添加适量磷脂,可起乳化和润湿作用。

2）医药工业的应用。

a.作医药乳化剂。磷脂可作为脂肪乳的乳化剂。

b.用于保肝药物。大豆磷脂可提供胆碱和必需脂肪酸(如亚油酸、亚麻酸)。胆碱可增强肝细胞及肝组织的机能及提高肝组织的再生能力。

c.用于健脑及健身药物。磷脂可应用于治疗神经衰弱和减轻神经骚乱症状,在健脑方面经临床应用疗效显著。

d.用于外用药物。磷脂有增进伤口愈合的作用,故可以磷脂制备皮肤药物。

3）饲料工业的应用。磷脂可以作为畜禽动物及水产养殖饲料的营养添加剂,用于饲料工业。

在饲料中添加磷脂能促进动物的神经组织、内脏、骨髓、脑的发育,使畜禽动物及淡水鱼类增产,可节约蛋氨酸的消耗。在饲料中添加磷脂,可补充动物机体内的能量消耗,提高了饲料的营养价值。在蛋鸡饲料中添加磷脂,对鸡的消化吸收有促进作用,能提高蛋鸡的产蛋量。

2.3.4.2　脂肪酸的制取与分离

在植物油厂,制取脂肪酸的原料有油脂碱炼皂角和油脂水化油角两种。

皂角是植物油精炼过程中碱炼脱酸后得到的副产品,一般占毛油量的8%～20%。油脂碱炼皂角的组成中,肥皂含量在60%～70%(干基),中性油25%～40%(干基),总脂肪酸含量在35%～60%。

油角是油脂水化脱胶时的副产品,其总脂肪酸含量也较高。

皂角和油角中脂肪酸的组成,基本上和原料油脂的脂肪酸相同。目前,由皂角中提取的脂肪酸产品,主要有混合脂肪酸、粗油酸、高碘价油酸、亚油酸、粗硬脂酸、棕榈酸、月桂酸、豆蔻酸、芥酸等。

脂肪酸的用途十分广泛,在轻工、化工、纺织、食品等行业应用很广,如用于制皂、合成洗涤剂、油漆、涂料、塑料、化妆品、食品乳化剂、润滑脂、矿物浮选剂、橡胶配料、医药制剂、直链脂肪酸、编织助剂等。

（1）混合脂肪酸的制取。

从皂角或油角中制取脂肪酸,方法主要有皂化酸解法和酸化水解法。

1）皂化酸解法。其工艺流程:

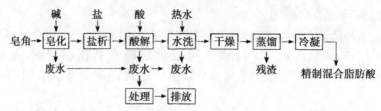

以下介绍以皂角为原料生产混合脂肪酸的工艺。

操作要点：

a. 皂化及盐析。皂化目的是使原料中的油脂皂化而转变成肥皂，同时将皂角中含有的蛋白质、色素及其他杂质排出。要求皂化率达97％以上。皂化所用的碱一般为NaOH。

皂化后盐析主要是使其中夹带的杂质排入废水中，有利于改进皂角的质量。盐析时的加盐量一般为皂角量的8％～12％，静置沉淀3～4h，放出底层盐析废水，可回收甘油。

b. 酸解。经过盐析的皂角中加入硫酸酸解，使肥皂转变为脂肪酸。

方法：将皂角泵入酸解锅中，加40％的清水，加热升温至90～95℃，加入95％～98％的浓H_2SO_4，直接蒸汽搅拌2～3h，控制pH=2～3，直至明显分层，将下层废水放出。上层即含粗脂肪酸（黑脂酸）。

c. 水洗。经酸解得到的脂肪酸中还残存有少量的H_2SO_4、硫酸盐等水溶性杂质，水洗的目的是去除脂肪酸中的杂质及H_2SO_4，以防后续设备被腐蚀。

方法：加水量为脂肪酸量的50％～100％，热水温度为90～95℃，搅拌15～30min，静置分层，放出下层废水。一般要水洗2～3次，直至放出的洗涤水pH至6～7为止。

d. 干燥。水洗后的黑脂酸在蒸馏前一定要干燥，脱尽水分。干燥有常压干燥和减压干燥两种方法。从视镜看到黑脂酸在锅内无波动时说明水分已脱尽。

e. 蒸馏。以植物油皂角为原料生产的粗脂肪酸，其纯度一般在90％～98％，其中含有一定量的低沸点杂质，如水分、烃、酮，使产品带色的醛，还含有一定量的高沸点杂质，如色素、甘油酯、氧化脂肪酸、不皂化物、部分聚合脂肪酸等，由于上述杂质的存在，使得粗脂肪酸的颜色从黄色至深棕色不等，严重影响脂肪酸的使用范围，因此，必须对粗脂肪酸进行精制，精制一般采用蒸馏的方法。

脂肪酸蒸馏的基本原理：根据脂肪酸与杂质混合物沸点的不同，控制一定的蒸馏温度，即可将低沸点杂质和高沸点杂质与脂肪酸分离，从而达到精制的目的。

常采用高真空蒸馏,这样,脂肪酸就可在较低温度下沸腾,从而可确保脂肪酸的产品质量和得率。汽化的混合脂肪酸通过冷凝后形成液体的混合脂肪酸,难挥发的组分定期或连续地从蒸馏釜中排放出去。

2）酸化水解法。其工艺流程:

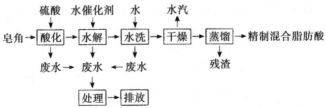

操作要点:

a. 酸化。将皂角中的肥皂用硫酸酸化,置换出脂肪酸,同时除去杂质及大部分水分。将皂角泵入酸化锅中,搅拌下慢慢加入浓硫酸,控制 pH=2 ~ 3,于 90 ~ 95℃下作用 1 ~ 2h,静置沉淀 1 ~ 2h,放出下层废水,水洗一次即得酸化油。

b. 水解。将皂角中的油脂水解,转换成脂肪酸和甘油。

水解方法很多,如常压水解、加压水解等,加压水解又分催化剂水解及无催化剂水解(如高压无催化剂水解、高温连续水解法)。

用植物油副产品皂角制得的酸化油在作为油脂水解原料时比动植物原料差,而且原料分散。实际生产多采用常压催化水解法。水解可以分段进行(两段水解)。

第一段:在酸化油中加入 30% 的清水,在沸腾情况下,加入为酸化油重的 3% 的催化剂及 1% ~ 2% 的浓 H_2SO_4,经 8 ~ 10h 的水解。静置 30 ~ 40min,放出下层废水。

第二段:在留存于水解罐的油相中再加入 30% 的清水,3% 左右的催化剂,0.5% ~ 3% 的浓硫酸,按上述同样操作,经过约 8h 的水解,至酸价符合要求为止。

静置放出废水,油层用 50% 的清水多次洗涤,至洗液清亮呈中性为止。然后将油放入储罐以备干燥蒸馏。而后的水洗、干燥、蒸馏同皂化酸解法。

常压水解采用酸性催化剂,如无机酸(H_2SO_4)和有机酸(烷基苯磺酸等)在水溶液中能释放出 H^+,可提高水在油脂中的溶解和增加溶解在油脂中的水的电离作用,所以能加快反应速度。

采用常压水解法,由于设备和操作简单,投资费用少,适用于小规模的脂肪酸生产。但蒸汽用量大,反应时间长,物质颜色易变深。

生产脂肪酸较先进的方法是高温连续水解法,国内已有用此工艺生产的工厂,此工艺应用较大的塔式设备,在高温、高压下,水解时间短(2～3h),水解度可达98%,蒸汽消耗量低,但设备投资大。用皂角、油角生产脂肪酸通常仍采用常压水解法。

水解中有甘油生成,目前各厂都未回收而是随废水排出,这是很可惜的。若从皂角酸化油的油脂水解废水中回收甘油,则在第一段水解时不是加清水,而是加一批第二段水解放出的废水,以提高甘油水中甘油的浓度。

两种方法的比较:皂化酸解法较一般的酸化水解法(高温连续水解法除外)的蒸馏脂肪酸的得率要高,这是因为油脂皂化的深度较易达到99%以上,而一般水解法的油脂水解度在95%左右,同时操作时间较短。但酸化水解法不用 NaOH, H_2SO_4 耗量减少30%,并且便于从水解废水中回收甘油。据报道,蒸馏甘油得率为皂角内中性油含量的5%左右。

(2)混合脂肪酸的分离。

用皂角或油角生产的混合脂肪酸主要作为植物油的代用品用于制皂、制润滑脂等,但不能满足特殊需要的产品。而油脂化学品工业用途增加的主要原因之一是它能制备满足特殊需要的产业,能将天然混合脂肪酸分离成较纯的馏分。例如,从富含月桂酸(椰子油、棕榈仁油等)、棕榈酸(棕榈油、棉籽油等)、油酸(豆油、橄榄油、茶子油等)、亚油酸(豆油、红花子油等)、亚麻酸(亚麻仁油等)、芥酸(菜籽油等)的油脂或皂角原料中将它们分离提纯出来,则可大大扩展其用途。

用皂角或油角生产的混合脂肪酸中主要可分离出两大类产品,固体脂肪酸和液体脂肪酸。固体脂肪酸主要是含棕榈酸,同时含有部分硬脂酸及不饱和酸的混合物,在常温下呈固态,俗称硬酸。液体脂肪酸主要是以油酸、亚油酸为主,含有少量饱和酸,在常温下呈液态,俗称油酸。

目前,在工业上分离脂肪酸的方法有冷冻压榨法、表面活性剂分离法(水媒分离法)、精馏分离法等。

1)冷冻压榨法。冷冻压榨法是工业脂肪酸分离应用最早的一种方法。其工艺流程:

混合脂肪酸→ 冷冻 → 装袋 → 压榨 ┤ ┌→固体酸 └→液体酸

操作要点:

a. 冷冻:将混合脂肪酸泵入冷冻罐中,在冷冻罐的夹套内通入冷冻盐水(温度 –15～–20℃),混合脂肪酸在冷冻罐内在 25～30r/min 的搅拌速度下冷却至所需温度,使固体酸结晶。

b. 装袋压榨:将脂肪酸装入袋内(一般为尼龙袋),袋子分层叠放在油压机上压榨,开始压榨时压力要逐步增加,轻压勤压,压力从 6～8MPa 开始逐步增压,至基本上无液体酸流出为止。收集液体酸,液体酸经真空干燥后得到液体酸产品。

然后松机取出布袋内的固体酸,布袋放入热水池,熔出残余的固体酸加以收集,真空干燥后(95～100℃),与从袋中取出的脂肪酸合并,熔化装桶或成形入库。

用压榨法分离混合脂肪酸设备操作简单,生产费用低,但其劳动强度大,产量小,不易连续生产。近年来,在工业上已陆续应用其他较先进的方法来代替它。

2)表面活性剂分离法。其工艺流程:

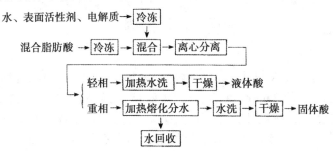

操作要点:

a.冷冻。将混合脂肪酸泵入冷冻罐,夹套内通入 –15～–20℃的冷冻盐水,经搅拌冷冻 4～6h,被降温至 10～12℃,经 4～6h 后,固体酸结晶。

b.混合。将冷冻好的混合脂肪酸泵入混合罐内,在 60～70r/min 搅拌速度下加入已冷冻好的水、表面活性剂、电解质。

c.离心。在此法中,一般用碟式离心机,从离心机分离出轻相和重相。轻相中主要含液体酸及少量表面活性剂。重相中主要含固体酸、表面活性剂、电解质的水溶液。

d.轻相、重相的整理。轻相用 90℃热水洗涤 2～3 次,用水量为液体酸量 60%。经 95～100℃真空干燥,得到成品液体酸。根据需要决定是否复蒸馏,复蒸馏后得到的脂肪酸一般颜色较浅。

重相用 85～90℃加热,固体酸与水分层,上层为固体酸,下层为表面活性剂、电解质水溶液。分出的固体酸经水洗干燥、装桶即制得成品固体酸。

3)精馏分离法。混合脂肪酸中不同脂肪酸之间的沸点有较大的差异。因此,在较高的真空下,通过精馏可把十六碳的棕榈酸作为主要成分的初馏分,同十六碳的硬脂酸作为主体的主馏分分离。此法所用设备为连续精馏塔,其结构复杂,工艺要求高。

2.3.4.3 植物皂角制取肥皂

一般油脂碱炼皂角,肥皂含量为 30% ～ 48%,中性油脂含量为 8% ～ 27%,总脂肪酸含量为 40% ～ 60%,油角是油脂水化脱胶时的副产品,其总脂肪酸含量也较高。因此,可分别收集各种榨油精炼后沉淀的皂角和油角作为肥皂的部分原料,以充分利用植物油厂下脚料,增加企业的经济效益,减少环境污染。这里介绍植物皂角制取肥皂。

(1)工艺流程。

皂角加热溶化→ 皂化 → 水洗 → 盐析 → 洗涤 → 碱析 → 整理 →
保温静置 → 调和 → 冷却切块 → 打印 →成品

(2)操作要点。

1)皂角溶化及皂化。先在皂化锅内加入清水 7 ～ 10kg,加热,再放入已称好的皂角 250kg,继续加热,不断搅拌,使油角溶化。待皂角完全溶化后,把配好的碱水倒入锅内,徐徐加入,边加边搅拌。碱水可分 5 ～ 6 次加入,每次相隔 5 ～ 6min,其目的是让皂角充分皂化,直到皂胶柔软发亮为止。在加碱过程中不可过急,以防产生结块现象。同时,还应不断搅拌,待皂化率达到 95% 以上时,便可进行水洗。

2)水洗。是在皂化好的皂胶内加入清水。加水时要缓慢而均匀,以多次加入为宜,越均匀越好。加水量一般为皂胶质量的 40% ～ 50%。这时的皂胶颜色由深褐色变为黄褐色,其中还有一些小颗粒的杂质。假如皂胶色泽较深,可再加清水洗涤,直至洗到要求的颜色为止,然后进行盐析。

3)盐析。盐析是在水洗之后进行的,目的是使皂胶脱水并进一步除去皂胶中的杂质,改善色泽。盐析的方法是在水洗后的皂胶中酌量加一些食盐,加盐要均匀散开,并进行充分搅拌,以便皂胶脱水。在加盐时,必须保持皂胶温度在 98℃ 左右,以利于色素杂质被清洗分离出去。再翻动 30min,盐析完成。再静置 3 ～ 5h,取上层皂基,下层基另行存放,并回收甘油和食盐。

4)洗涤及碱析。皂基回入锅中,加清水煮沸生成均匀的皂胶,洗涤出甘油和色素。若皂化不足,可以补加少量碱液煮沸 2 ～ 3h,使油脂接近皂化完全。加盐水盐析,放去废液。取上浮的皂基,静置 2 ～ 4h。

5)整理。皂基加少量水加热煮 1 ～ 2h,加入少量食盐盐析,取皂基加入松香,小心加入碱液,使松香皂化完全。加足够碱液,皂胶上浮析出。静置后放出下层碱水,供皂化或另一次碱析用。

6）保温静置。取上层皂基（下层是皂角），加少量水，然后进行静置保温。温度在 90℃对分层最有利。静置 2d 后备用。

7）调和。皂基与硅酸钠（泡花碱）混合，搅拌 30min 使其均匀混合，整个操作维持在 75 ～ 85℃间，便于混匀。

8）冷却切块打印。调和物进入框车中用 0.2 ～ 0.3MPa 压力，夹套冷水冷却 30min，使其冷却收缩结实，减少变形，待皂胶凝固成固体时进行切块，晾一段时间，即可进行打印，打印后即为成品。

（3）注意事项。

1）油脂与氢氧化钠水溶液的化学反应称为皂化，在这个阶段，油脂的皂化反应率达 95%以上。皂化生成物中不仅含有肥皂，还含有甘油和水，需要加入食盐或浓的食盐溶液，再加热蒸煮，使含有甘油的食盐水迅速下沉，与皂化物（称为皂基）分开，这个方法称为盐析。如果盐析 1 次分不干净，尚可再盐析 1 次。皂基中尚含有少量的未曾分离的甘油和色素、浓盐水，可用少量水洗涤除去。皂基再与浓的氢氧化钠溶液蒸煮，使皂基中少量尚未皂化的油脂进一步反应，使油脂完全皂化，称为碱析，它可以再洗出少量甘油和其他少量杂质。碱析也可以重复操作，使皂基净化。

2）皂角加碱量是根据皂角情况而定的。因此，必须视其皂化时的情况而酌情加碱。

本产品为稠状固体，具有较好的发泡、洗涤作用，用作洗涤剂。

2.4　水果蔬菜的综合利用

2.4.1　水果加工废弃物综合利用技术

2.4.1.1　果渣的营养成分

果渣是果品加工后的废渣，其主要成分为水分、果胶、蛋白质、脂肪、粗纤维等。鲜果渣的含水量在 70%左右，经烘干后营养成分见表 2-17。果渣营养物质丰富，矿物质、糖类、氨基酸、维生素等含量较高。如苹果渣中含铁 299.00mg/kg，是玉米粉的 4.9 倍；含赖氨酸 0.41%、蛋氨酸 0.16%、精氨酸 1.21%，分别是玉米粉的 1.7 倍、1.2 倍和 2.75 倍；含维生素 B_2 3.80mg/kg，是玉米粉的 3.5 倍。此外，果渣中也含有果胶和单宁等抗营养物质,影响其生产性能的发挥。[①]

表 2-17 烘干果渣的营养成分

单位:%

果渣	粗蛋白质	粗脂肪	粗纤维
沙棘籽	26.06	9.02	12.33
沙棘果渣	18.34	12.36	12.65
葡萄皮梗	14.03	3.60	——
葡萄饼粕	13.02	1.78	——
葡萄渣粉	13.00	7.90	31.90
越橘渣粉	11.83	10.88	18.75
柑橘渣粉	6.70	3.70	12.70
苹果渣粉	5.10	5.20	20.00

2.4.1.2 中国果渣综合利用技术现状

我国对果渣的研究在 20 世纪 50 年代虽已展开,但发展缓慢。在近几年随着水果种植业和加工业的迅速发展,才逐渐对果渣的研究予以重视,果渣在很多方面得到了利用。但由于技术等相关因素的制约,果渣在高附加值产品生产中的应用仍十分有限,而作为饲料或饲料添加成分的应用相当广泛。

(1)果渣饲料化利用技术。

由于鲜果渣具有水果特有的香气,适口性好,但其蛋白质含量较低,酸度大,粗纤维含量高,因此,只能在日粮中配合添加。以果渣为原料生产的蛋白质饲料成分详见表 2-18。果渣作为饲料主要有 3 个方面的应用:直接饲喂、鲜渣青贮、利用微生物发酵技术生产菌体蛋白饲料。

表 2-18 以果渣为原料生产的蛋白质饲料成分

单位:%

主要原料	水分	粗蛋白质	粗脂肪	粗纤维	粗灰分	无氮浸出物
菠萝渣	10.43	9.35	1.40	12.79	4.27	61.76
菠萝皮	9.30	3.90	2.50	10.00	4.00	70.30

---

① 高玉云,黄迎春,袁智勇,等.果渣类饲料的开发与利用 [J].广东饲料,2008, 17(10):35-37.

续表

主要原料	水分	粗蛋白质	粗脂肪	粗纤维	粗灰分	无氮浸出物
苹果渣	9.60	20.90	1.00	14.20	5.80	48.50
柑橘皮	11.50	20.30	2.90	9.40	5.60	50.30
沙棘果渣	12.11	24.05	—	13.70	—	—

1）果渣干燥和果渣粉的加工。新鲜果渣直接饲喂简单易行，但存放时间短、易酸败变质。因此，需干燥以延长存放时间。干燥方式有两种，晾晒 – 烘干干燥和直接烘干干燥。晾晒 – 烘干干燥受天气的影响大，在晾晒的过程中易霉变、污染，而且含水量高（约 20%），且干燥后的果渣在储存使用中易变质。规模化猪场使用果渣，以直接烘干的效果为好，虽然增加了成本，但为以后安全、稳定的利用创造了条件。此外，果渣烘干后可以粉碎成果渣粉，然后加入配合饲料或颗粒料中，还可进行膨化处理。

2）果渣青贮的调制。青贮不但可以保持鲜果渣多汁的特性，还可改善果渣的营养价值。其原理是将果渣压在青贮塔或青贮窖中，利用附在原料上的乳酸菌进行厌氧发酵，产生大量乳酸，迅速降低 pH，从而抑制有害微生物的生长和繁殖，便于长久保存。

3）果渣发酵生产菌体蛋白。该工艺是以果渣为基质，利用有益微生物发酵工程，将适宜菌株接种其中，调节微生物所需营养、温度、湿度、pH和其他条件；通过有氧或无氧发酵，使果渣中不易被动物消化吸收的纤维素、果胶质、果酸、淀粉等复杂大分子物质，降解为易被动物消化吸收的小分子物质和大量菌体蛋白，而小分子物质的形成，又能极大地改善饲料的适口性，从而使营养价值得到显著提高。果渣发酵生产的菌体蛋白含有较为丰富的蛋白质、氨基酸、肽类、维生素、酶类、有机酸及未知生长因子等生物活性物质。

果渣不仅价格低廉，且来源广泛，若处理得当，可以在畜禽饲料中获得广泛的应用。因此，果渣类饲料的开发和利用，对缓解我国饲料资源缺乏的现状和人畜争粮的矛盾、促进畜牧业稳步发展、提高水果种植与加工业效益、减少环境污染都具有重要意义。

（2）果渣工业化利用技术。

果渣不仅可以加工成优质饲料，还可以作为工业原料提取柠檬酸、果胶、酒精、天然香料等物质。[①]

1）利用果渣发酵生产柠檬酸。柠檬酸是一种广泛应用于食品、医药

---

① 石勇，何平，陈茂彬.果渣的开发利用研究 [J].饲料工业，2007(1)：54-56.

和化工等领域的重要有机酸。目前,国内柠檬酸的生产供不应求,但均以玉米、瓜干、糖蜜为原料,产品成本较高。以苹果渣为原料,黑曲霉固态发酵生产柠檬酸,其工艺简单、设备投资少。同时,果渣经发酵后不仅能提取柠檬酸,还可以产生大量果胶酶,可用于果胶酶的提取。

提取柠檬酸的生产工艺流程:

鲜果渣→预处理→接种→发酵→成品

2)利用果渣提取果胶。果胶是一种以半乳糖醛酸为主的复合多糖物质,由于其良好的凝胶特性,在食品、制药、纺织等行业内广泛应用,在国际市场上非常紧俏。近年来,我国果胶用量居高不下,主要靠从国外进口满足市场需求,因此开发新的果胶资源势在必行。

苹果渣和柑橘渣均为提取果胶的理想原料。其中,干苹果渣的果胶含量为15%~18%,苹果胶的主要成分为多缩半乳糖醛酸甲酯,它与糖和酸在适当的条件下可形成凝胶,是一种完全无毒、无害的天然食品添加剂。目前可以通过利用从苹果渣中提取的低甲基化了的果胶来实现果胶生产,且效果较为理想。

提取果胶的工艺流程:

鲜果渣→干燥→粉碎→酸液水解→过滤→浓缩→沉析→干燥→粉碎→检验→标准化处理→成品

柑橘渣也是制取果胶的理想原料,世界上70%的商品果胶是从中提取的。果胶产品有果胶液和果胶粉两种,而后者多由前者喷雾干燥或酒精沉淀而来。近年来,国内利用柑橘皮生产果胶的工艺技术已形成,但规模化生产少见,主要原因是投资大,产品产量低,且质量有待提高。

3)利用苹果渣提取苹果酚。经专家测定,利用苹果渣加工出来的苹果酚,其感官指标良好。苹果酚中含有丰富的果糖、蔗糖和果胶,所以具有较高的生物价值,可应用于面包和糖果的生产。在制作食品过程中,采用苹果酚不仅可以节省精制糖,而且可以提高食品的生物效应。在面包生产中,添加苹果酚不但可以改善面包制品的内在质量、味道、膨松度,而且可以降低原料消耗、增加产品质量。

苹果酚的加工工艺:

鲜苹果渣→干燥→粉碎→离析→成品

2.4.2　废糖蜜的综合利用

糖蜜是甘蔗或甜菜糖厂制糖过程中的一种副产物,又称废糖蜜。以制糖的原料分,可分为甘蔗糖蜜和甜菜糖蜜。甘蔗糖蜜的产量是加工甘蔗量的 3%左右,甜菜糖蜜的产量则是加工甜菜量的 3.5%～5%。糖蜜总糖含量可达 50%～60%,同时含有大量的有机或无机物质。由于其价格低廉,且资源化利用的工艺简单,因此,在化工、轻工、食品、医药和建材等行业中有很大的开发价值。目前,国内外对糖蜜的利用主要分两类:一是初级利用,即直接利用;二是深度利用,即从中提取有效成分,或作为发酵原料生产高附加值的发酵制品和生物制品,例如,焦糖色素、酵母、乳酸、氨基酸、衣康酸、多不饱和脂肪酸、单细胞蛋白、酒精以及丙酮丁醇等。

2.4.2.1　糖蜜发酵生产衣康酸

衣康酸(itaconic acid)又称亚甲基琥珀酸、分解乌头酸,分子式为 $C_5H_6O_4$,相对分子质量为 130.10。

(1)性质。

纯衣康酸是白色粉状晶体或无色晶体,溶于水、丙酮和乙醇,微溶于醚、苯、三氯甲烷和二硫化碳;在酸性、中性和弱碱性常温条件下稳定,但在强碱性条件下,衣康酸可转化为柠檬酸和中康酸,在水溶液中,由于双键的加水也可生成少量羟基酸。

(2)用途。

衣康酸及其酯类是制造合成树脂、合成纤维、塑料、橡胶、离子交换树脂、表面活性剂、高分子螯合剂等的良好添加剂和单体原料。它作为交联剂和乳化剂,在含量为 1%～5%时,生产的苯乙烯－二烯共聚物是质轻、易塑、绝缘、防水、抗蚀性能均好的塑料和涂料。用玻璃纤维填充则是一种高强度玻璃钢,可用于制作车、船和飞机的外壳及各种容器。上述涂料作为地毯背面涂层或纸面涂层,具有乳化稳定性好等优点,使纸在高速印刷中对油墨的黏着性得到改善。

含衣康酸的丙烯酸胶乳可以作为非织造纤维的黏结剂。含衣康酸单体的聚氯乙烯显示对纸张、赛璐玢和聚对苯二酸乙二醇薄膜的黏着性增强。聚丙烯腈纤维中含少量的衣康酸,就能大大改善其染色性能,使着色加深。

在衣康酸－丙烯酸制成的牙科黏结剂中,加入多价金属氧化物(如锌和镁的硅铝酸盐或氧化物),具有良好的抗压性能和黏结强度,并有很好的生理适应性。

衣康酸聚合物有特殊光泽,透明,适合制造人造宝石和特种透镜,以及防水性能良好的抗化学剂和涂料等。

衣康酸和丙烯酸的共聚物是一种高分子螯合剂,用于作为水处理中的除垢剂,对防止碱性钙、镁垢的形成特别有效。加到海水蒸发脱盐体系中,有效成分为 0.5 ～ 10mg/L 时,就能有效抑制水垢在蒸发器表面的形成与附着。它用于锅炉、水冷却器等系统的在线清洗,在设备不停止运行的情况下,就能除去较厚(0.01 ～ 1.7mm)的垢层。它的水溶液用于石板印刷中,可增加石板表面的亲水性,也不影响该表面呈现和保留亲油剂影像。它可以配制成石板胶层的黏结剂。作为聚电解质,这种共聚物可用作洗净剂和烫洗剂的组分,增加清洗剂的洗净能力。它还可以作为聚烯烃纤维的施胶剂。在处理水时,无令人不愉快的气味,可以与其他化学处理剂,如碱剂(NaOH、KOH)、吗啉或环己胺,缓冲剂(磷酸盐、肼、三乙醇胺),以及有机酸盐、螯合剂(EDTA)和杀菌剂(次氯酸钠)等配合使用,以达到不同的目的。

由衣康酸与芳香二胺生成的吡咯烷酮衍生物,是润滑剂的增稠剂。与其他各种胺生成的吡咯烷酮衍生物可用于洗涤剂、医药和除草剂之中。

衣康酸作为一种抗氧化剂,可加入干性油中,可用于制造多种表面活性剂;它们的酯能作增塑剂。由于衣康酸有毒性,几乎没有人将它用于制药工业及食品工业。

尽管衣康酸有着很大的潜在应用价值,但它迄今只有少量得到应用。因为顺丁烯二酸及反丁烯二酸在很多情况下和衣康酸有其类似的性质而能代替它。据称衣康酸的最大用途为造纸业。

（ 3 ）产生衣康酸的菌种。

衣康酸的工业生产菌种主要是属于土曲霉群的土曲霉和属于灰绿曲霉群的衣康酸曲霉。两群都属于半知菌纲,丛梗孢目、丛梗孢科。两者除了都高产衣康酸之外,在其他方面没有多少共同之处。

1)土曲霉(*Aspergillus terrus*)。工业上常用的土曲霉菌株有 NRRL 1960、NR–RL265、K26 等。

2)衣康酸曲霉(*Aspergillus itaconicus*)。衣康酸曲霉在自然界分布不太广泛,常着生于梅干上或梅醋中。

（ 4 ）菌种的扩大培养。

生产大量优质霉菌孢子是衣康酸发酵生产成功的关键,生产不正常往往是孢子偏少或不纯造成的。

孢子增殖培养的步骤:

砂土管原料→平板→斜面→三角瓶(种曲)

平板及斜面培养基的组成为麦芽汁 25mL、葡萄糖 20g/L、蛋白胨 18g/L、琼脂 20g/L。

培养基在 80kPa 表压下灭菌 20 ～ 30min。平板接种后,在 30℃培养

5d,让孢子长成熟,如无异常,可接种到多支斜面上,也在 30℃培养 5d。接种三角瓶或冷藏备用。

（5）糖蜜发酵法。

糖蜜是很廉价的原料,也适合于衣康酸的发酵。用衣康酸曲霉,不但能耐较高的糖浓度,而且对糖蜜中杂质的抗性也强,甚至原料不经处理也可以发酵良好,因此,很受研究者的重视。如果工艺上采取有效措施,糖蜜原料的产酸率也能达到耗糖的 60%。

Neubel 和 Ratajak 1962 年在一份美国专利中报道了用甜菜糖蜜培养土曲霉种子,用甘蔗糖蜜生产衣康酸的方法。其孢子发芽培养基为甜菜糖蜜（含糖 150g）、$ZnSO_4$ 1.5g、$MgSO_4 \cdot 7H_2O$ 5.0g、$CuSO_4 \cdot 5H_2O$ 0.02g、豆油 0.25mL,加水至 1L。种子在 33 ～ 37℃下培养,高速搅拌,维持 18h。在上述条件下,孢子发芽后形成最适合衣康酸发酵的菌丝体。pH 由 7.5 降到 4.0,表明情况正常。

发酵培养基的组成如下:甘蔗糖蜜（含糖 150g）、$ZnSO_4$ 1.0g、$MgSO_4 \cdot 7H_2O$ 3.0g、$CuSO_4 \cdot 5H_2O$ 0.01g,水加至 1L。

发酵培养基中接种 20% 预发芽的菌丝悬浮液。接种后温度维持在 39 ～ 42℃,剧烈搅拌。前 24h 中,pH 将由 5.1 降到 3.1,这时加入氨或石灰乳调节 pH 至 3.8,发酵继续进行 2d。最终衣康酸总浓度可达 85g/L。用氨中和比石灰乳好,一方面因为衣康酸钙溶解度较低,会黏附在菌丝体上阻碍发酵;另一方面,如用氨中和,最后提取时浓缩发酵液后,也能使衣康酸铵结晶出来。衣康酸铵也适合于合成衣康酸酯,广泛用于工业上。

2.4.2.2　甘蔗废糖蜜发酵生产葡萄糖酸钠

葡萄糖酸钠是一种白色或淡黄色结晶粉末,易溶于水,微溶于醇,不溶于醚,无毒,可用于制药工业和食品行业,是优良的呈味改良剂,本身的呈味性优良,还有掩盖苦味和臭味、改良呈味性效果,是优良的食品加工 pH 缓冲剂,在建筑业中作为减水剂、缓凝剂等。

（1）甘蔗废糖蜜预处理。

废糖蜜中由于含有大量的灰分和胶体及重金属离子,发酵前应进行适当的处理,采用六氰合铁酸盐（hexacyanoferrate, HCF）处理甘蔗废糖蜜。具体步骤为取废糖蜜 1kg,用去离子水稀释 5 倍,活性炭进行脱色处理之后加入 3.5mmol/L HCF,调 pH 为 4.0 ～ 4.5,80℃加热 15min,所得沉淀物为含重金属离子的复合物,过滤除去,所得滤液即为可发酵碳源。调整发酵液糖度 250g/L。

（2）黑曲霉麸曲的制备。

取新鲜麸皮,用 60 目筛子筛去细粉,以减少淀粉含量。将麸皮加入一定量水,拌匀至无干粉又无结团现象。拌匀后分装到三角瓶中,0.1MPa 灭菌 30min,趁热摇散,冷却至 35℃,培养 1d,未发现气味异常或染菌,即可使用。

在无菌室中,于无菌操作条件下,每一个三角瓶中接入 5 环已划好的斜面菌种孢子,于 30～32℃培养 16～20h 后,有白色小菌落在麸皮上,再培养 24～30h 后可看到培养基结成块状,菌丝生长旺盛。摇瓶时必须充分摇匀,使结块的培养基疏散,铺平后继续扣瓶培养,待长出的黑色孢子布满丰盛后即可使用。

（3）发酵。

1）处理后的甘蔗废糖蜜加入 $MgSO_4 \cdot 7H_2O$ 0.02%,玉米浆 0.15%。充分溶解定容后加入 10～20mL 泡敌(pH 自然),121℃灭菌 17min,冷却至 33℃,pH=5.5～6.5,备用。

2）向罐中接入 30g 长有黑曲霉孢子的麸曲,通入无菌空气,罐压 0.1MPa。保证溶氧超过 50%,搅拌转速 300～400r/min,温度 30～33℃。

3）当残糖低于 0.5% 时发酵结束。

（4）提取。

1）发酵结束后,将料液通过小型板框过滤机,除去发酵液中的菌体及其悬浮固体杂质。

2）将料液加热至 80℃,再向其中加入 0.5% 的活性炭,缓慢搅拌 30min,滤出活性炭,得澄清发酵液,用 NaOH 调节 pH 至 6.0。

3）用真空浓缩蒸发仪将料液浓缩到合适的浓度(50%～80%),静置 5～8h,料液中便有葡萄糖酸钠晶体析出(也可向其中加入少量晶种)。

4）抽滤、干燥即得较为纯净的产品。剩余母液可重复上述结晶过程再次处理。

2.4.2.3 微生物发酵糖蜜生产多不饱和脂肪酸

多不饱和脂肪酸(polyunsaturated fatty acids, PUFAs)是指含两个或两个以上双键且碳原子数为 16～22 的直链脂肪酸,主要有亚油酸(linoleic acid, LA)、γ-亚麻酸(γ-linolenic acid, GLA)、花生四烯酸(arachidonic acid, ARA)、α-亚麻酸(α-linolenic acid, ALA)、二十碳五烯酸(eicosapentaenoic acid, EPA)和二十二碳六烯酸(docosahexaenoic acid, DHA)等。多不饱和脂肪酸大多数是生物活性物质的前体,尤其是对智力发育、心血管病等有良好效果。此外,PUFAs 还可用作食品添加剂、营养配方、健康辅料以及保健品等。微生物所具有的营养简单、生长繁殖快、易变异、可工业化大规模培养的优点决定了利用微生物生产油脂是一条开发新油源的良好途径。目前,国内外研究通常利用葡萄糖、淀粉和蔗糖等作为碳源生产多不饱和脂肪酸。以甘蔗糖蜜为碳源发酵生产多不饱和脂肪酸具有成本低廉的优点。

(1)生产菌种及培养基。

能产生 PUFAs 的微生物主要有真菌和藻类,目前已经分离到的菌株主要有 AK19、TM300、NRRLY-1091、里斯木霉、铜绿假单胞菌、高山被孢霉 IS-4、M102、C6771、T8765、反屈毛霉 LB1(Mucor recurvus)等。其中反屈毛霉 LB1 可利用废糖蜜发酵生产 PUFAs。培养反屈毛霉 LB1 菌株的培养基如下。

菌株保藏培养基:PDA 培养基。

斜面培养基:5%糖蜜、0.15%尿素、0.1% K_2HPO_4、琼脂 2.0%,pH=6。

发酵培养基:15%糖蜜、0.15%尿素、0.1% K_2HPO_4、pH=6。

斜面、液体培养基灭菌条件:压力 0.1MPa、时间 20min。

(2)糖蜜的处理。

糖蜜原液(85°Bé):水为 1:1.5 稀释,加 0.3% 浓 H_2SO_4 调节 pH 至 3.5,静置 8h,过滤,取清液加石灰乳,调 pH 至 7.2,60% 加热并搅拌 30min,静置 12h,过滤取上清液,调 pH 至 6。

(3)发酵条件。

接种量 5%~20%,发酵温度 25℃,160r/min 摇床培养 5d。在此条件下发酵,PUFAs 的产量可达 5.74g/L。

(4)PUFAs 的提取。

1)生物量的获得。将上述条件下发酵好的发酵液,真空抽滤得发酵菌丝体,将菌丝体冷冻干燥至恒重。

2)油脂的提取。加正己烷浸泡 2h,75℃回流抽提,得油脂。

3)油脂的皂化。往 2.0g 油脂中加入 25mL 的 0.5mol/L KOH 乙醇溶液,在沸水浴中回流皂化 30min,加入 10mL 中性乙醇和几滴酚酞指示剂,用 0.5mol/L 的 NaOH 标准溶液滴至红色消失。

4)混合脂肪酸的制备。油脂皂化结束后,室温冷却,用适量石油醚萃取非皂化物。再用 0.5mol/L 盐酸酸化 pH=3 分出油层,水洗至中性,加入正己烷萃取油脂。

5)尿素包合结合冷冻结晶法富集 PUFAs。称取一定量的尿素加入一定体积的 95%乙醇溶液,搅拌均匀,恒温水浴至尿素全部溶解(温度控制在 70~75℃),后缓慢加入一定量的混合脂肪酸,继续回流 1h,室温静置冷却,放 –20℃冰箱过夜。快速抽滤去结晶物,得滤液,滤液 55℃减压旋转蒸发,回收溶剂,得到脂肪酸,60℃的热水洗涤脂肪酸多次,分液漏斗分离油层,正己烷萃取油脂,55℃蒸发回收正己烷即得不饱和脂肪酸的浓缩物。

2.5 药用植物资源综合利用实例

2.5.1 银杏叶的开发利用

2.5.1.1 黄酮类化合物的提取

银杏(*Ginkgo biloba* L.)又名白果,属裸子植物,是冰川时期存活在地球上的孑遗植物,素有"活化石"之称。中国是银杏的发源地,除黑龙江、吉林、青海、西藏外其他各省区都有分布。全国银杏叶产量2万t以上,占世界总量的70%左右。

银杏叶中含有 30 余种黄酮化合物和萜类、酚类、微量元素及氨基酸等有效成分,具有降低血清胆固醇、增加冠脉流量、改善脑循环、解痉、松弛支气管和抑菌等生理作用。国际上,银杏叶提取既可应用于医药品,又可应用于保健食品、化妆品的开发,当前已成为世界范围内专家、企业关注的热点。

(1)丙酮工艺法。

工艺流程:

银杏叶→提取→过滤→滤液→萃取→丙酮相→减压蒸馏→减压干燥→残渣→粉碎→制品

操作要点:将干燥并粗粉碎的绿银杏叶 50kg 放入提取容器中,用 250L 60% 的丙酮水溶液在约 55℃处理 5h 左右,然后冷却混合物、压滤,滤液用 CCl₄ 萃取 3 次,每次用 30L CCl₄,丙酮相在减压条件下馏出丙酮,残液在约 50℃条件下减压干燥,粉碎所得残渣即为银杏叶提取物 7 ~ 8kg。

(2)酮类提取 – 硅藻土过滤法。

工艺流程:

银杏叶→提取→过滤→滤液→悬浮液→减压浓缩→过滤→滤液→萃取→酮相→干燥→过滤→减压浓缩→制品

操作要点：将 10kg 银杏叶置于提取器中，加入 60L 65％的丙酮，在 60℃搅拌处理 4.5h，冷却悬浮液至 25℃，在两段过滤器上过滤，压榨滤饼，除去溶剂，用 10L 新配丙酮洗涤固形物。分离出滤液，加入 200g 硅藻土，45℃下减压浓缩至 15L。冷却悬乳液至 25～28℃，在硅藻土板上过滤，将固形物用 1L 水小心地搅成浆状。所得水溶液在 25℃用 4L 丁酮与 2kg（NH_4）$_2SO_4$ 处理，分层后溶液用丁酮处理 3 次，每次 2L。合并有机层，在无水 Na_2SO_4 上干燥、过滤，于 60℃减压浓缩至干，在干燥前可通过加水的方法完全除去溶剂。可得制品 180g，外观为黄褐色粉末。

（3）酮类提取 – 氨水沉淀法。

工艺流程：

银杏叶→逆流提取→过滤→滤液→减压浓缩→浓缩滤液→过滤→滤液→酸化液→萃取→酮相→减压干燥→干燥物→悬浮液→过滤→滤液→减压干燥→制品

操作要点：取 800g 磨碎的绿银杏叶，用 13.5L 50～60℃的丙酮 – 水（70∶30）混合逆流提取 2 次。提取后除去残渣，减压浓缩至约 1.9L，分离沉淀。用氨水处理滤液，调 pH 至 9 左右，滤出沉淀后用 H_2SO_4 酸化滤液，调 pH 至 2 左右，加入 650g（NH_4）$_2SO_4$ 和 1.25L 的丁酮 – 丙酮（70∶30）混合液萃取。分离出有机相，补加 200g（NH_4）$_2SO_4$，过滤，浓缩，减压干燥。然后将干燥物放入 8 倍体积的乙醇中，过滤所得悬浮液，除去不溶性成分，浓缩醇溶性成分，减压干燥即得制品。该提取物含黄酮苷类 25.5％。

（4）乙醇提取法。

工艺流程：

银杏叶→提取→过滤→滤液→馏出溶剂→悬浮→过滤→滤液→蒸馏→提取物

操作要点：取 1g 干银杏叶，粉碎后浸泡在 20mL 乙醇中，60℃加热回流 1h，滤除银杏叶，蒸馏除去滤液中的溶剂，得到 230mg 乙醇提取物。将提取物悬浮在 20％乙醇水溶液中，除去不溶物，馏出溶剂，得到 120mg 提取物。

（5）水提取 – 树脂处理法。

取 1kg 干燥银杏叶，浸于 12L 水中，在 80～90℃浸提 2h，压榨后得粗提液。用 10％ NaOH 调粗提液 pH 至 7，过滤，将滤液通过 Diaion HP–20 树脂柱（200～700mL），分别用柱体积 3 倍量的水和 10 倍量的 7％甲醇洗柱，然后用柱体积 2 倍量的 60％乙醇溶液洗脱，浓缩后喷雾干燥，得 25g 粉末，此提取物中含黄酮苷 24％，在 100g 水中的溶解度超过 7g。

（6）醇提取－酶处理法。

将 1kg 干燥并粗碎过的银杏叶置于提取槽中,加入 5L 50%乙醇水溶液,加热回流 2h。冷却提取液,同时加入 200g 糊精及 10mg 含有转糖苷酶的 α－淀粉酶,调 pH 至 6.0,50℃下反应 3h。接着加热提取液至 95℃使酶失活,滤除杂质,将滤液注入装有 200mL Diaion HP-20 树脂的柱中,将洗脱液减压浓缩,40℃干燥 6h,得到含银杏有效成分的粉末 28g,该提取物总黄酮含量为 13.6%,且同时含有水溶和脂溶性成分,提取率高。另外,脂溶性成分以糖苷形式提取,易为人体吸收。其在水中的溶解度高,可制成高浓度的液体制剂,如糖浆、口服液等。

2.5.1.2　含银杏叶提取物的功能食品开发

（1）含银杏叶提取物的酿造酒。

将 100g 粉碎的银杏叶,用 2L 水加热浸提 1h,滤出提取液,浓缩干燥,得提取物 17.2g。在 15%葡萄糖水溶液中添加 0.5%～10%的抽提物,用 1mol/L NaOH 溶液调 pH 至 5～7,接种 2%单胞杆菌,于 30℃发酵 3d,发酵结束后用 0.45μm 滤膜过滤,在 70℃水浴中保持 10min,即得含酒精量 7.50%～7.93%的酿造酒。该酒若在冷暗处陈酿 3 个月,则酒香更浓。

采用单胞杆菌发酵,速度快,产率高,酒味和香气俱佳。常饮用该保健酒,具有扩张血管、稳定情绪、改善记忆、消除疲劳的作用。

（2）玉米－银杏酒。

取决明子 2kg,炒至微焦,在 140℃烘焙 2h,然后加入 1.5L 95%的食用乙醇中浸泡 4h,滤出乙醇,将滤液蒸馏,得到蒸馏提香液。蒸馏后的残渣用水加热,微沸 2h,过滤得到水提香液。把滤渣和 2kg 银杏叶、1kg 绞股兰混合,加热煎煮 2 次,每次 2h。过滤后减压浓缩滤液,得到混合浸膏。冷却后在浸膏中加入决明子水提香液和醇提香液,再加入 1.5L 95%的食用酒精,把沉淀析出的杂质滤掉,将滤液加到 500kg 玉米酒中混合均匀,接着加入 2.5kg 糖、0.5kg 柠檬酸,经调味、勾兑、静置后取上清液装瓶,陈酿 3 个月,即得香甜适中、色泽金黄的玉米－银杏酒。

（3）银杏茶。

取 2g 绿茶粉(也可用红茶粉或乌龙茶粉代替)与 5～50mg 银杏叶提取物混合制成袋泡茶,使用时冲泡在 150mL、90℃的热水中即可。

可将银杏叶加水浸泡 1.5～2.5h,煮沸 10～20min,浓缩、冷却、过滤,清液用 1～3 倍 95%乙醇萃取,回收溶剂后得提取液。用冲泡纸吸附提取液,于 35～37℃烘干,剪碎。将适量的剪碎的冲泡纸(吸附 1～3mL 提取液)与 2g 茶叶混合制成袋泡茶。

或将 120kg 绿茶粉碎,过 8～10 目筛,得绿茶粉 110kg。将 1.45kg 杏叶提取物和 1.45kg 葛根叶提取物溶解在 0.1kg 食用醋精、20kg 食用酒精、5kg 蒸馏水的混合液中。将上述 25.1kg 的混合液均匀喷洒到 110kg 绿茶粉中,然后在 50℃烘焙 30min,成品茶的水分为 6%～8%,制成袋泡茶,每袋 2g,每支含提取物 25mg。

另一配方为将 25g 提取物和 5g 甜菊糖溶解在 50% 药用乙醇中,用喷雾器将乙醇溶液均匀喷洒在 70g 茶叶中,以 50℃以上烘干,装袋制成袋泡茶。该保健茶经急性毒性试验,认为可以安全服用,长期饮用能预防心脑血管疾病。

（4）银杏口香糖。

取 20 份聚合度为 300 的醋酸乙烯酯树脂、3 份邻苯二甲酸丁酯、3 份巴西棕蜡和 20 份麦芽糖,在捏炼机中于 50～60℃混合 3min,再加入 55 份砂糖、1 份薄荷、1 份银杏提取物、0.1 份食用紫色素 1 号,混炼均匀后在 50℃恒温下,从挤出机中挤出片状口香糖,再通过辊压机压至所定厚度,切断后便得带薄荷味的淡紫色口香糖。这种口香糖不仅具有保健作用,还能除口臭,因为银杏叶提取物中的有效成分对硫醇等臭味物质有良好的消臭作用。

（5）银杏巧克力。

在捏炼机中,将 35 份可可脂、20 份全脂奶粉、40 份砂糖捏炼成巧克力胚料。然后在精研机中将胚料研成 25μm 的粉末,再将粉末慢慢投入加热至 60℃的巧克力精炼机中,添加 4.8 份提取物,精炼 18h。加入 0.1 份香兰素,充分均质后将巧克力料调温,模制成形即得块状巧克力。提取物的添加量以不超过巧克力胚料量的 5% 为宜,否则味太苦,但添加量不能低于 0.01%,否则起不到保健功效。

2.5.2　葛根的开发利用

葛根是豆科葛属植物野葛 [*Pueraria lobata*（Wild.）Ohwi] 和粉葛（*Pueraria homsonii* Bentn）的肥大块根,以块肥大、质坚实、色白、粉性足、纤维少者为佳。

葛根多生于山坡草丛或路旁及较阴湿的地方,广泛分布于辽宁、河北、浙江、广东、江西、湖北、四川、云南等地,资源十分丰富。人工种植可用种子、分根或压条法繁殖,以土层深厚、疏松、富含腐殖质的沙质土壤为佳。

2.5.2.1 葛根的活性成分

葛根中除含有占新鲜葛根 19%～20% 的葛根淀粉外，主要成分为异黄酮类化合物及少量的黄酮类物质。表 2-19 列出了以黄豆苷元为基本骨架的异黄酮类成分，其中黄豆苷元、黄豆苷、葛根素是葛根的主要活性成分，尤以葛根素含量最高。此外，葛根中还含有葛根素木糖苷、谷甾醇、花生酸等多种生理活性物质。近年来又从葛根中分离出一些芳香苷类化合物，如葛苷 A、葛苷 C 等，以及一些三萜皂苷类化合物，如黄豆苷元 A、黄豆苷元 B、葛根皂苷元 A、葛根皂苷元 B、葛根皂苷元 C 等。

表 2-19 葛根异黄酮类主要成分

化合物	R1	R2	R3	R4	R5
黄豆苷元（daidzein）[①]	H	H	H	H	H
黄豆苷（daidzin）[②]	H	Glc	H	H	H
葛根素（puerarin）	H	H	Glc	H	H

注：①为 7,4'- 二羟基异黄酮。

②为异黄酮苷（isofiavone glucoside）。

（1）黄豆苷元（daidzein）。

黄豆苷元代表了葛根中异黄酮类物质的基本骨架，其结构式如图 2-6 所示。临床试验证明，黄豆苷元具有明显的抗缺氧作用和抗心律失常活性。

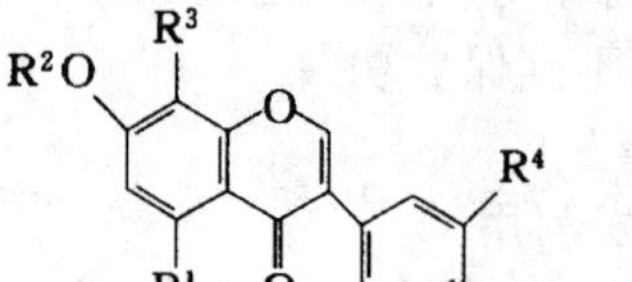

图 2-6 黄豆苷元结构式

黄豆苷元性质稳定，在胃肠道中几乎不被破坏，但由于黄豆苷元的水溶性较差，人体对其吸收有限，被吸收的黄豆苷元在体内分布快，范围广，消除也快，因此不易积累中毒。

（2）葛根素。

葛根素（puerarin）是葛根中主要的活性成分之一，其结构式如图 2-7 所示。从结构式可见，葛根素是一种 C- 糖苷型化合物，由于该化合物中亲水性羟基较多，因此其水溶性较黄豆苷元好。

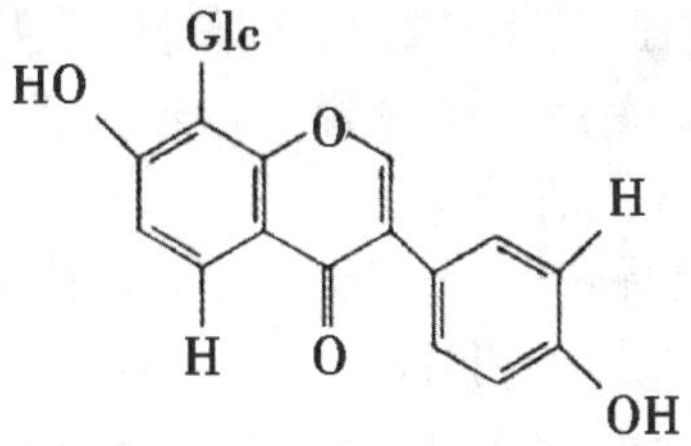

图 2-7　葛根素结构式

葛根素具有以下生理功能：

1）扩张冠状动脉。

2）对抗缺氧所致的脂质过氧化作用，避免缺血再灌造成的心脏损伤。

3）改善体内微循环，增加局部微血管血流和运动的幅度。

4）降低心肌兴奋性，防止心律失常。

5）抑制由 ADP 诱导的或由 5-HT 与 ADT 共同诱导的血小板聚集。

6）降低高血压与冠心病患者血浆儿茶酚胺的含量。

葛根素在胃肠道中性质相当稳定，但人体对它的吸收能力很差，摄入的葛根素在 72h 内将有 73.3％ 自粪便排出，葛根素对人体无毒性。

（3）黄豆苷。

黄豆苷（daidzin）也是葛根的生理活性物质之一，结构式如图 2-8 所示，它是葛根素的同分异构体。但目前为止，对黄豆苷还缺乏详细的研究。

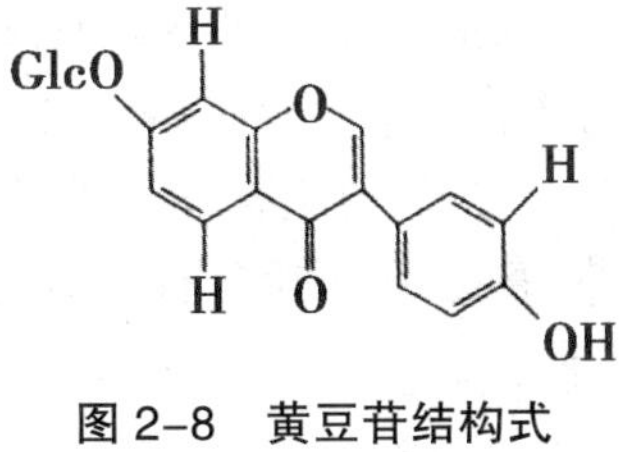

图 2-8　黄豆苷结构式

2.5.2.2　葛根的生理功能

到目前为止，有关葛根生理功能的研究大部分是通过动物试验进行的。不过，动物试验在帮助人们认识葛根对人体所具有的生理功能方面仍有重要的指导意义。

（1）对循环系统的调节作用。

葛根中的总黄酮能增加脑及冠状动脉的血流量，通过对麻醉狗的试验已证实了这一点。

葛根不仅能改善金黄地鼠的正常脑微循环，而且对微循环障碍也有明显的改善作用，主要表现为局部微血管血流和运动的幅度增加。葛根素还能对抗肾上腺素引起的微动脉口径缩小、流速减慢和流量减少等微循环障碍。葛根素对突发性耳聋患者的甲皱微循环也有改善作用,能加快微血管血流速度,提高患者的听力。

葛根素对缺氧心肌具有保护作用。这种作用主要表现在葛根素能明显降低缺血心肌的耗氧量,抑制乳酸的产生,同时能抑制心肌磷酸肌酸激酶的释放,保护心脏免受缺血再灌注所致的超微结构损伤。

（2）解痉作用。

葛根中的黄豆苷元对小鼠、豚鼠等试验动物的离体肠管具有类似罂粟碱样的解痉作用。黄豆苷元能阻断由节后胆碱能神经(主要是副交感神经的纤维)支配的效应器上的胆碱受体。此外,葛根中的葛根素还具有降低血浆儿茶酚胺的功能,从而对抗儿茶酚胺对平滑肌的兴奋作用。

（3）降血糖。

葛根对动物体内的糖代谢有一定的影响。以葛根水提取物灌胃,开始2h家兔的血糖上升,随即下降,在第3h、4h下降到最低值。试验还表明,葛根对家兔肾上腺素性高血糖不仅无对抗作用,反而使之增高,但它能促进血糖提早恢复正常。

由于葛根具有以上生理功能,它将对心血管疾病尤其是因循环系统障碍引起的疾病产生积极的预防和保健作用。如葛根对高血压、偏头痛、冠心病、心绞痛、突发性耳聋等疾病都有疗效。

目前,我国对葛根资源的应用主要体现在以下几个方面:作为中药;作为蔬菜食用;从干燥的葛根中提取总黄酮制造药品制剂和饮料;从葛根中提取淀粉。葛藤茎和叶也含有类似于葛根中的黄酮类物质,因此可作为葛根补充药源。此外,葛藤茎和叶含有丰富的纤维素和植物蛋白,可做成混合饲料,用于饲养动物。

2.5.2.3 葛根总黄酮和淀粉的提取

葛根总黄酮包含了几乎所有的葛根活性物质,具有调节血液循环系统、减慢心率、降低外周阻力、改善缺血心肌代谢、抗心律失常等作用,因此对葛根有效利用的多种形式都离不开葛根总黄酮的提取。此外,葛根中还含有较多的葛根淀粉,可占新鲜葛根的9%～20%或葛根干物质的35%～40%。葛根淀粉不仅洁白细腻、糊化温度低、淀粉糊透明度高、黏度稳定性好,而且含有一定量的维生素和矿物质(如铁、钙、硒、锌、锰等),还含有13种氨基酸,其中8种是人体必需的,因此葛根淀粉既是一种营养丰富的高级淀粉,也是加工功能性食品的优质基料。葛根资源丰富,种植方便,综合利用将会产生良好的经济效益和社会效益。

目前,我国大多仅限于采用对葛根总黄酮或葛根淀粉中之一进行提取的生产方式,这种状况造成葛根资源在一定程度上的浪费。单独提取葛根总黄酮和淀粉的工艺通常是利用一些高极性的溶剂(通常是水、乙醇、甲醇等)将葛根中的总黄酮类物质和淀粉同时提取出来,然后经过特定的分离方法除去其中的一种成分,获得另一种成分,或从混合液中直接提取其中的一种成分。张尊听等发现以甲醇为溶剂超声萃取 30min,野葛根异黄酮成分的提取率达 20.6%,总黄酮质量分数为 50.03%,超声萃取法具有省时、节约能源、总黄酮提取率和产品纯度高的优点。

陆宁等研究了以葛根为原料,同时提取黄酮类物质和淀粉的生产工艺流程(见图 2-9)。

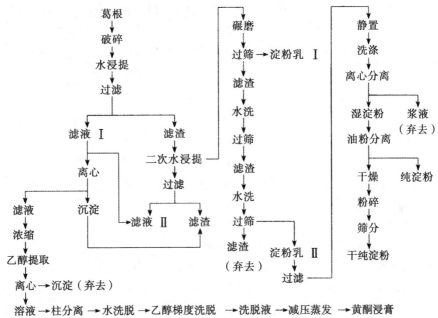

图 2-9　从葛根中提取葛根总黄酮和淀粉的工艺流程

提取过程可分两大部分,首先是黄酮类物质的提取,其次是葛根淀粉的提取。将葛根清洗、破碎后在常温下用水溶液浸提,调节水提液的 pH 呈弱碱性(pH 在 8 左右)以提高黄酮类物质的溶解性。一次浸提后,过滤得到滤液Ⅰ,滤渣进行二次浸提,过滤后得到滤液Ⅱ。合并滤液Ⅰ和滤液Ⅱ,离心分离,将离心后的滤液经蒸发浓缩,再加入 3～4 倍体积的 95% 乙醇提取液搅拌均匀,再次离心分离以除去水溶性蛋白质等杂质。得到的乙醇提取液先用洗脱法除去其中的亲水性杂质,再进行乙醇梯度洗脱,黄酮类物质在乙醇中洗脱时遵循一定的规律,即配基相同时的洗脱顺序为双糖苷＞单糖苷＞配基。生产中用 30％、50％、70％、95％的醇液洗脱梯度可依次将各种成分洗脱下来，最后将收集到的洗脱液减压回收乙醇,浓缩后即得到黄酮浸膏。

葛根淀粉的提取是将一次水浸提后得到的滤渣再经过二次浸提,过滤提取液得到滤液Ⅱ和滤渣。滤液Ⅱ并入滤液Ⅰ用来制备黄酮浸膏,滤渣则与提取黄酮类物质时从滤液Ⅰ中离心分离到的沉淀物混合,将得到的滤渣混合物碾磨、过 100 目筛即得到淀粉乳Ⅰ,未过筛的粗渣继续水洗、过筛可得到淀粉乳Ⅱ。混合淀粉乳Ⅰ和淀粉乳Ⅱ,120 目绢丝过滤以进一步除去淀粉浆中的纤维性杂质,静置滤液待沉淀后除去淀粉乳的上清液,继续加水洗涤。在此过程中,适量添加次氯酸钠可以起漂白和抑菌作用。洗涤后的淀粉浆经过离心分离即得到湿淀粉,湿淀粉上层为灰白色的油粉,其中附着许多呈色物质,下层为洁白的高纯度粉,将两种粉分离后分别干燥即制得葛根干纯淀粉和纯淀粉。

2.5.2.4 葛根功能性食品的开发

（1）葛根饮料。

葛根化学成分比较复杂,一般的分离方法易造成活性物质损失,为此可选用酶解方法把葛根汁液中的淀粉物质水解为葡萄糖和小分子糖类,以尽可能保留葛根汁中的生理活性物质。

葛根饮料的生产工艺流程如下:

原料清洗→去皮→破坏→加水浸提→过滤→ α-淀粉酶液化→糖化酶处理→澄清过滤→调配→灌装封口→杀菌→冷却→成品

生产时首先选择新鲜葛根用清水洗净,去皮、破碎后按料水比 1∶3 的比例将葛根浸提 2h,使葛根中的活性成分和淀粉同时溶出。提取液过滤除杂后,用酸调节葛根汁 pH 为 6,再加入 α-淀粉酶并在搅拌状态下升温至 90℃,停止搅拌并保温 30min,使葛根淀粉液化。将液化后的葛根汁用柠檬酸调节 pH 为 5,待温度冷却到 55～60℃时加入糖化酶糖化 2h。糖化完成后继续用柠檬酸调节葛根汁 pH 为 4 以下,静置澄清,上清液经硅藻土过滤机过滤得到清亮的葛根原汁。最后在调配罐中加入适量的蜂蜜、三氯蔗糖及其他配料,搅拌均匀后灌装杀菌即可。

另外,将葛根液、葛花液、乌梅液复合,可制成功能性饮料,其生产工艺流程见图 2-10。

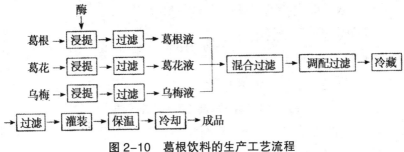

图 2-10　葛根饮料的生产工艺流程

其中葛花可解酒醒脾,治疗伤酒发热烦渴,不思饮食。乌梅可敛肺涩肠,生津安蛔,此复合饮料具有消食化积、提神醒脑、增进食欲等功能,可作为餐桌上的醒酒饮料。

（2）葛根冰激凌。

葛根冰激凌生产时先将葛根总黄酮浸膏加水稀释配制成一定浓度的葛根汁。根据表 2-20 所示的配方,取 0.3kg 的海藻酸钠和 3kg 的蔗糖(其余蔗糖备用)加入 51kg 葛根汁中搅拌均匀后静置 8h,再按配方将奶油、奶粉、炼乳以及剩余的 3kg 蔗糖等原料加水溶解并搅拌均匀,控制温度在 65 ～ 72℃。将此冰激凌原料与葛根汁混合,混合料液在 70 ～ 77℃下巴氏杀菌 30min,然后在 65 ～ 70℃、1.8 ～ 2.0MPa 条件下进行均质处理,将均质后的料液迅速冷却至 2 ～ 3℃,并在此温度范围保持 4 ～ 12h 使物料老化。老化成熟后的物料被送入凝冻机,在 -2 ～ -4℃的凝冻温度下保持 20min。在凝冻过程中物料经搅拌逐渐由液态转变为半固体状态,同时因充入空气而体积不断增大,通常物料的膨胀率应控制在干物质的 3 倍左右。凝冻好的冰激凌经灌装成型后即为软质冰激凌,若继续在 -10 ～ -15℃条件下硬化 12h 即成为硬质冰激凌。

表 2-20　葛根冰激凌实用配方

单位: kg

配料	用量	配料	用量
奶粉	18	单甘酯	0.2
葛根汁	51	蔗糖	6
炼乳	10	海藻酸钠	0.3
奶油	10		

葛根冰激凌的生产工艺流程见图 2-11。

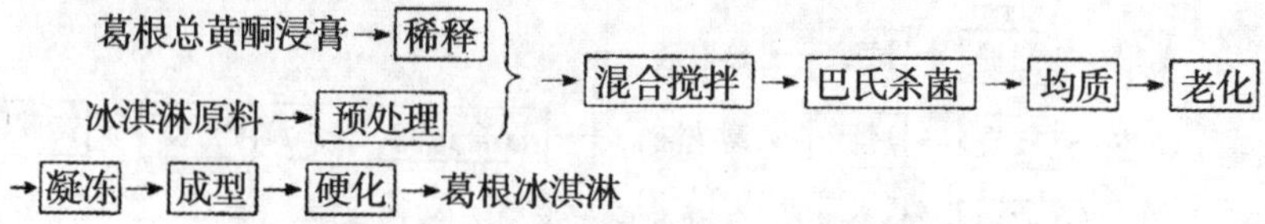

葛根总黄酮浸膏 → 稀释
冰淇淋原料 → 预处理 } → 混合搅拌 → 巴氏杀菌 → 均质 → 老化
→ 凝冻 → 成型 → 硬化 → 葛根冰淇淋

图 2-11　葛根冰激凌的生产工艺流程

（3）葛粉即食糊。

利用挤压膨化机生产葛粉即食糊的配方为葛粉 40%、玉米淀粉 50%、蔗糖粉 10%。其工艺流程如图 2-12 所示,原料膨化之前应充分搅拌均匀并严格控制物料的含水量在 15% 左右,根据测定结果对其进行必要的干燥或喷湿处理;控制膨化机内的温度恒定,维持进料速率恒定,以获得均一、良好的产品。膨化后的淀粉料经粉碎过 80 目筛,与相同细度的蔗糖粉混合并搅拌均匀,无菌包装即为成品。

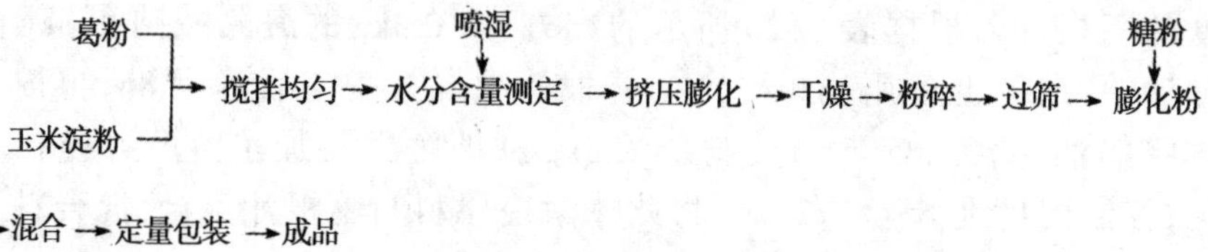

葛粉 ┐　　　　　　喷湿　　　　　　　　　　　　　　　　　糖粉
　　├→ 搅拌均匀 → 水分含量测定 → 挤压膨化 → 干燥 → 粉碎 → 过筛 → 膨化粉
玉米淀粉 ┘

→ 混合 → 定量包装 → 成品

图 2-12　葛粉即食糊的生产工艺流程

2.5.3　益智的开发利用

益智(*Alpinia oxyphylla* Miq.)为多年生热带姜科作物,是卫生部 1998 年公布的既是食品又是药品的天然物之一,无毒。主产于海南和广东,是四大南药之一,也是开发新型保健食品的良好资源。据中国药典记载,益智具有"温脾、暖肾、固气、涩精"等功效。日本早在 20 世纪 20 年代就已经开始研究益智仁,国内的研究早期较少,近年来,为了加快海南益智药材资源的开发,我国研究人员对益智也进行了较系统的研究。

2.5.3.1　益智的化学组成

（1）挥发油。

益智的主要药用成分为挥发油,其含量在 0.7%～1.18%,其中含量较高的有聚伞花烃香橙烯(pcymene,44.87%)、香橙烯(valencene, 9.13%)、芳樟醇(linalool,4.39%)、桃金娘醛(myrteng,3.90%)、β-蒎烯(β-pinene,3.87%)、α-蒎烯(α-pinene,2.93%)、天竺葵酮

（furpelargone,2.62%）、松油醇-4（teripinent-4-ol,2.56%）等。

（2）萜类成分。

益智中的萜类成分以倍半萜居多,目前分到的萜类成分有 oxyphyllol A、oxyphyllol B、oxyphyllol C、oxyphyllenodiol B、oxyphyllenodiol A、selin 11-en-4α-ol、oxyphyllenone A、oxyphyllenone B、（E）-labda-8（17）,12-diene-15,16-dial、异香附醇（isocyperol）、努特卡醇（nootkatol）、香橙烯（valencene）、圆柚酮（nootkato）、圆柚醇（nootkatone）。部分萜类物质的分子结构式如图 2-13 所示。

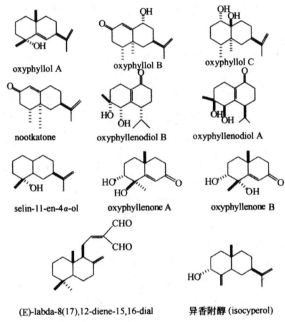

图 2-13 部分萜类物质的分子结构式

（3）黄酮类化合物。

海南益智仁中总黄酮的含量为 7～9g/kg。迄今为止已分到的益智黄酮类化合物有杨芽黄酮（tectochrysin）、白杨素（chrysin）、良姜素（izalpinin）等,结构式如图 2-14 所示。

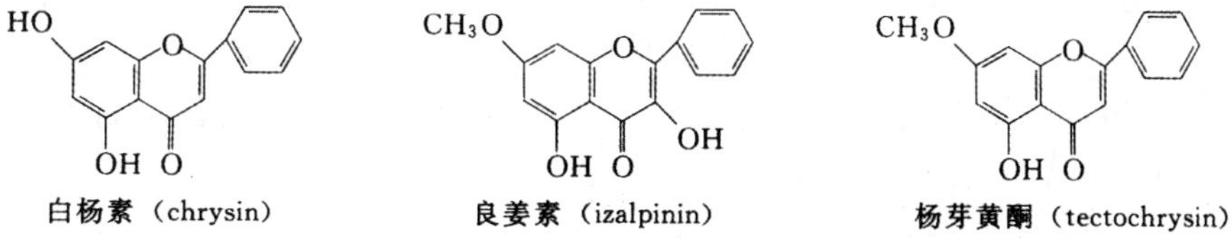

白杨素（chrysin） 良姜素（izalpinin） 杨芽黄酮（tectochrysin）

图 2-14 益智黄酮的分子结构式

（4）庚烷类衍生物。

益智仁中含有一类庚烷衍生物成分，已分到4个：益智酮A（yakuchinone A）、益智酮B（yakuchinone B）、益智新醇（neonootkatol）、益智醇（oxyphyllacinol）。前两者的结构式如图2-15所示。

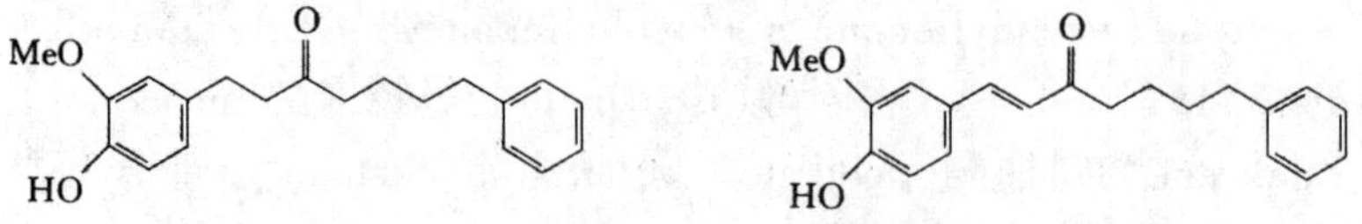

益智酮A（yakuchinone A）　　　　　益智酮B（yakuchinone B）

图2-15　益智酮A、益智酮B的分子结构式

（5）其他成分。

益智含有可溶性糖、粗脂肪、脂肪酸、多种维生素、蛋白质及胡萝卜素等化学成分。万宁兴隆产的益智最好，其总糖含量405mg/kg，粗脂肪61.8mg/kg，脂肪酸852.1mg/kg，蛋白质83.7mg/kg，维生素B_1 0.009mg/100g，维生素B_2 0.136mg/100g，维生素C 2.28mg/100g，维生素E 1.48mg/100g，胡萝卜素0.375mg/100g。同时益智含有人体所需的16种氨基酸，其中有6种是人体的必需氨基酸，占氨基酸总量的38%。益智中还含有多种微量元素。益智果不同部位矿物质及氮含量见表2-21。

表2-21　益智果不同部位矿物质及氮含量

单位：mg/kg

部位	钙	铁	锌	锰	磷	氮
全果	2050.00	116.25	40.24	322.51	200.22	1.56
果仁	1050.00	92.50	45.75	247.50	260.00	1.60
果皮	3850.00	118.75	36.01	385.00	120.12	1.53

2.5.3.2　益智的药理功能

（1）拮抗钙活性和强心作用。

益智甲醇提取物中含化合物益智醇，在兔的大动脉中有拮抗钙活性，能明显地抑制由某些物质引起的动脉收缩，起扩张血管的作用。日本已注册益智醇为血管舒张药，并申请了专利。益智酮A是强心作用的成分，可抑制心肌的钠泵、钾泵。

（2）防止胃损伤。

益智中诺卡酮能抗胃溃疡，对胃损伤的抑制可达57%。口服诺卡酮20mg/kg，即可防治胃的损伤。

（3）镇痛作用。

益智中益智酮、香附酮（cyperone）、姜醇（gingerol）等化合物及其衍生物能抑制前列腺素的生物合成，起止痛作用。二芳基庚烷类化合物益智酮 A 在 $0.51\mu mol/L$ 时能抑制 50% 的前列腺素合成酶，而对照消炎痛需达 $49\mu mol/L$ 时才有相同效果。益智酮 A 镇痛效果比消炎痛强。

（4）抗癌作用。以总细胞体积法进行试验，益智的水抽提物对鼠的腹水型肉瘤细胞增长有抑制作用。抗癌活性成分为引进含苯基的化合物。

益智酮 A 和益智酮 B 可以减少人类骨髓白细胞 HL-60 中由 TPA 刺激引起 α - 肿瘤坏死因子的产生，钝化老鼠细胞活性 AP-1 的活性，表明益智中大量二芳基庚烷化合物具有抗肿瘤作用。进一步的研究表明益智酮 A 和益智酮 B 通过抑制由 TPA 诱导的皮肤癌化过程中存在的 NF-KappaB、2- 环加氧酶和诱导 - 氧化氮合酶的活性，从而达到抗肿瘤的目的。

（5）抗氧化作用。

益智酮 A 和益智酮 B 抑制人类 HL-60 细胞中由 TPA 刺激引起的 TBA 和超氧阴离子产生。益智酮 B 在 $50\mu mol/L$ 或 $100\mu mol/L$ 抑制人类 HL-60 细胞中由 TPA 刺激引起的过氧化物和超氧阴离子的产生效果好于益智酮 A，$0.5\mu mol/L$ 的浓度时益智酮 A 和益智酮 B 抑制鼠脑脂质氧化率明显高于姜黄素，而益智酮 A 和益智酮 B 钝化 AP-1 的活性，原因归于益智酮 A 和益智酮 B 的抗氧化性。

（6）神经保护作用。

益智的乙醇提取物对谷氨酸引起的大脑皮层神经细胞凋亡能起保护作用，在 $30\mu mol/L$ 谷氨酸存在下，$80 \sim 120\mu g/mL$ 益智的乙醇提取物明显提高细胞的寿命，减少凋亡细胞的数量，降低谷氨酸导致 DNA 碎片的密度。益智的神经保护作用的活性成分为原儿茶酸。

2.5.3.3　超临界 CO_2 萃取益智挥发油

用超临界 CO_2 技术提取益智挥发油与水蒸气蒸馏传统方法相比，具有许多独特的优点：超临界 CO_2 萃取能力强，提取率高，提取速度快；超临界 CO_2 萃取操作温度较低，能较好地保护中药的有效成分不受破坏；通过改变操作条件还可以提取许多传统方法提不出来的物质。因此该方法被认为是可用于中药现代化的先进技术之一。

该试验对用超临界 CO_2 萃取益智中挥发油及其他有效成分的最佳工艺条件进行探讨，结果认为：

1）利用超临界 CO_2 为溶剂分离益智中有效成分的最佳工艺条件为：

萃取压力 20～25MPa,萃取温度 40～45℃,2～2.5h 内,萃取率为 3.9%(见表 2-22)。

2)超临界 CO_2 萃取可在较低的温度下和密闭的系统中进行,对益智中热敏物质和易氧化成分有保护作用。

3)与水蒸气蒸馏方法相比,超临界 CO_2 萃取速度快、得率高,萃取物中除含挥发油外,还含有较多高沸点难挥发成分。

表 2-22　超临界 CO_2 萃取技术与水蒸气蒸馏方法比较

项　目	超临界 CO_2 萃取	水蒸气蒸馏
萃取得率 / (%)	3.9	0.83
萃取时间 /h	2	6
萃取物外观	黄棕色	淡黄色
萃取物主要成分	精油＋油树脂等	精油

2.5.3.4　益智对油脂的抗氧化试验

为了使这一宝贵资源进一步开发利用,用不同的溶剂——石油醚、酒精、乙酸乙酯分别提取益智仁、茎、叶中的抗氧化物,以猪油作底物,采用碘量法研究益智提取物的抗氧化作用。对于这方面的试验,目前尚未有过报道。

结果表明:

1)益智的仁经提取挥发油后的渣、益智的叶、益智的茎的各溶剂的提取物均有较强的抗氧化作用,其抗氧化活性表现为,在相同浓度下各溶剂提取物的抗氧化能力为乙酸乙酯 >95%乙醇 >60%乙醇 > 石油醚。

2)益智的茎在相同浓度下各溶剂提取物的抗氧化能力为石油醚 >60%乙醇 > 乙酸乙酯;益智的叶在相同浓度下各溶剂提取物的抗氧化能力为乙酸乙酯 > 石油醚 >60%乙醇。

3)相同浓度 95%乙醇、60%乙醇、石油醚对于益智的仁、叶、茎的提取物在猪油中的抗氧化能力均为叶 > 茎 > 仁经提取挥发油后的渣,而在相同浓度下乙酸乙酯的提取物,其抗氧化能力为益智叶 > 经提取挥发油后益智仁的渣 > 益智茎。

益智为一药食同源的珍贵的热带南药,其仁只是在中药汤药中进行配伍使用,十分局限,大量的益智叶、茎废弃处理,从未利用,更无人对其进行过功能研究,本试验的研究有望使益智仁经提取挥发油后的渣、益智叶、益智茎作为新型的抗氧化剂。这对于扩大益智资源的利用具有积极作用。

2.6 野生植物资源开发利用现状及发展分析

植物资源是自然带给人类的一笔巨大的财富,并且该笔财富具有循环持续的特点,因此,至今人类都在享用它。在植物资源中,野生植物资源是重要的组成部分,其所具备的药用价值、经济价值、科学价值等都是很多栽培作物不能相比的,至今为止在野生植物中都蕴藏着人们仍未得知的有用成分。因此,对于野生植物资源的开发和利用具有十分重要的意义和作用。我国土地面积辽阔,自然条件复杂,所以野生植物资源的种类也繁多,在长期的研究和开发利用下,我国大部分野生植物得到了开发和利用,但也有众多的野生植物尚未得到开发利用。研究和开发利用野生植物资源,可以增加新的工业原料、食品、药品等,这对于人民的生活及社会的发展都有着紧密的关系。因此,我国应该加强野生植物的研究,切实将尚未开发利用的野生植物种类利用到农业发展、经济发展中。

2.6.1 我国野生植物资源概况

我国土地面积广阔,地形复杂,气候多样,得天独厚的地理条件和气候条件为我国各种植物资源提供了有利的生长环境,这使得我国的植物资源丰富多样。在我国众多植物资源中,野生植物资源也十分丰富,不仅种类繁多而且蕴藏量巨大。据统计,我国的野生植物中种子植物有25 000多种,蕨类植物有2400多种,苔藓植物有2100多种,而其中种子植物与人类的关系最为密切。就我国野生植物的分布来说,其分布也是十分广泛,如果按照自然地理分区,那么野生植物的分布可以分为8个区——华北区、西北区、华中区、南方区、云贵高原区、东北区、黄土高原区和青藏高原区。从我国野生植物资源的分布区中不仅可以看出其分布广泛,也可以看出野生植物资源的丰富繁多。在不同的地区中气候、地形也不相同,因此,野生植物之间的差异性也较大,这也就成就了我国多种多样的野生植物资源。在对于野生植物资源的分类中,按照其用途可以进行药用植物资源、香料植物资源、野生果菜植物资源、四大传统野生植物资源、野生农药植物资源、其他野生植物资源等分类。由此可见,我国野生植物资源在各个方面都发挥了重要的作用。

2.6.2　野生植物资源开发利用现状

野生植物资源的开发和利用,在食品工业、医疗工业、化学工业等诸多领域具有十分广泛的应用,其所发挥的作用和价值都是巨大的。因此,我国在对于野生植物资源的开发和利用上也十分重视,以下就是对我国三大类野生植物资源的开发和利用现状的详细分析。

2.6.2.1　食用野生植物资源

野生植物资源在食品工业中有着广泛的应用,比如野果的营养功能显著,已经成为一项新兴的出口创汇产品。我国许多地区都已经在野果的开发和利用上取得了良好的成果,开发出的许多野果系列的产品均获得了人们的喜爱,因此,有效地带动了地区的经济效益。比如甘肃的中华猕猴桃酒、黑龙江的黑加仑果汁、陕西的沙棘汁和沙棘汽酒等野果食用产品,不仅受到了我国消费者的喜爱,同时受到了国外消费者的欢迎。随着野果被人们喜爱,在我国野生植物资源中,越来越多野果树种类被发现和开发利用,这不仅为食品工业提供了新原料,同时增加了新的栽培果树种类。除此之外,在野生植物资源中,野菜资源、野生香料植物等都逐渐得到了人们的重视,随着不断的开发和利用,在很大程度上促进了我国经济的发展,而部分食用野生植物资源并没有做到合理开发利用,这很容易导致资源浪费。因此,提高对野生植物资源的合理开发利用是当下需要解决的问题。

2.6.2.2　药用野生植物资源

在我国野生植物资源中蕴藏着大量具有药用价值的野生植物,因此,我国素有"世界药用植物宝库"之称。一直以来我国的药用植物中就有很多是来自野生植物,至今为止我国被发现的药用野生植物已经有2000余种,不同种类的药用植物所发挥的药用价值都不同,所以在各个方面的药用需求上种类繁多的药用植物都能给予满足,因此,药用野生植物所发挥的药用价值是巨大的。除了被开发利用的药用植物,我国还蕴藏了众多尚未开发的药用植物,因此,这就需要加强对药用植物的研究和开发。

2.6.2.3　工业用野生植物资源

在我国野生植物资源中,树脂、树胶等植物资源也比较丰富,而这些植物资源在工业中发挥的作用是巨大的。对于树脂、树胶等植物资源,主要是开发松脂、生漆等。松脂加工成的松香和松节油在轻工业上发挥着重要的作用,而生漆是一种高性价比的涂料,其具有耐水性、耐油性、耐热性等优点,在房屋、家具、机械设备的涂刷上发挥着重要的作用。在我国野生植物资源中还具有诸多野生的橡胶植物,比如杜仲、橡胶草等,而在工业原料中,橡胶十分重要,其在交通运输设备、国防设备、医疗卫生器具、日常生活用品中都是不可或缺的重要材料。因此,野生橡胶植物的开发和利用有效地增加了橡胶工业原料量,为工业产业提供了巨大的便利和经济效益。

2.6.3　我国野生植物资源的发展建议

尽管我国对野生植物资源的开发和利用越来越重视,并且我国在野生植物的开发和利用方面也取得了一些成果,但是在开发和利用过程中,仍然存在一些问题。比如野生植物开发利用存在失衡,即有些地区的野生植物得到了很好的开发和利用,而有些地区的野生植物在深山老林中自生自灭。还有在开发和利用过程中,没有重视对植物以及环境的保护,同时开发利用的科技人员也比较匮乏等。这些问题都会影响我国野生植物的持续发展,因此,想要促进我国野生植物开发和利用的持续发展,必须采取有效的措施。

首先,我国在野生植物资源的开发和利用过程中,要加快专业人才的培养。比如大力培养专门从事野生植物资源的研究、开发、利用、保护等的专业性人才,这样可以促进我国野生植物资源的开发和利用更加专业化与产业化。

其次,要搞好精深加工和综合利用。比如通过提取、深加工、精致等工业措施,使得野生植物资源能够按照市场需要形成名优产品,从而更好地促进地区的经济发展,并促进产品的国际竞争力。在开发和利用过程中,要注重物尽其用,综合开发,使得野生植物能够得到最充分的利用,发挥最大的作用。

最后,要加强保护,注重永续利用。野生植物资源虽然丰富,但是随着不断地开发和开采,加上人们对植物资源的需求也在不断地增加,野生植物资源在未来很有可能面临枯竭、灭绝的情况。因此,在开发和利用过程中,一定要注重保护,严格遵循自然规律,保持生态平衡。只有注重保护,才能更好地利用,进而促进永续利用,造福后代。

2.7 药用植物资源开发利用现状及发展分析

药用植物资源是指含有一定保健和药用功能的植物,例如大多数中草药均属于药用植物资源。我国国土资源庞大,药用植物资源分布广泛,在全世界是植物大国。我国药用植物资源种类繁多,据统计种类达11 146之多,在已知植物中占有重要比例。在20世纪80年代,我国曾全面调查,发现我国的药用植物资源种类包括383科,2309属,11 146种,常用药用植物近500种。迁地和离体保护的药用物种达7000余种,其中珍稀濒危物种200余种,种质数量近3万份,居世界首位。在药用植物资源中,真菌种类最多,常用药材有冬虫夏草、灵芝等。海藻类药用植物主要有海带、昆布等,这类的海洋藻有120种以上。

2.7.1 药用植物资源利用的历史

根据药用植物利用的程度,可将我国药用植物资源开发利用的历史过程分为起源时期(公元前221年以前)、古代时期(公元前221—1840年)、近代时期(1840—1949年)和中华人民共和国成立以后(1949年后)4个时期。

2.7.1.1 起源时期

神农尝百草的药材起源传说表明人类对药物的认识,最初是与觅食活动紧密相连的。周代,药物的来源增加了矿物及人工制品。春秋时期,药物扩大到100多种。战国时期,《山海经》记载的药物已多达124种,其中植物药51种。公元前3世纪末,《五十二病方》记载的药物增加到242种,植物药已达108种。

2.7.1.2 古代时期

东汉时期《神农本草经》记载药物365种,其中植物药252种。魏晋时期《名医别录》新增365种药物。唐代药物已增加到1000余种,《唐本草》《本草拾遗》两本书中合计唐代开发利用中的中药资源已达1500多种。北宋时期,国家三次修订本草,大量校勘汇总,增补文献和用药经验。宋代唐慎微《经史证类备急本草》记载开发利用的药物达 1748 种。明代,我国进入了中药资源开发利用和本草理论发展的鼎盛时期。《滇南本草》和《本草纲目》分别收载药材 448 种、1892 种,把古代中药资源开发利用推向了顶峰。清代著录和存世的本草近 400 部,其中《本草纲目拾遗》收载《本草纲目》未收载的药物 716 种,《植物名实图考》收载 1714 种植物。

2.7.1.3　近代时期和中华人民共和国成立后

鸦片战争前后,西医药传入中国,逐步打破中药独撑门户的局面。鸦片战争后,中药资源的开发利用深受帝国主义列强侵略和清政府腐败的影响。抗日战争时期,战争阻塞交通导致国内运销和出口中断,造成中药业停滞不前。

新中国成立后高度重视中医药事业,中药学迅速发展而取得长足进步。改革开放以前,由于西方国家的封锁,西药很难进入国内,人们治疗疾病还是依靠中草药,药用植物资源的研究和开发利用得到了较快发展。改革开放以后,随着对外交流的增加和国际经济一体化格局的形成,西药大量进入国内。加之,传统药物使用不如西药方便、快捷且见效较慢,逐渐丧失了市场主导地位。近年来,随着生活水平不断改善以及"回归大自然"理念的形成,人们开始注重提高生活质量,中药和民族药物的保健作用逐渐被认识和重视,直接带动了对药用植物资源开发利用的重视。

2.7.2　我国药用植物资源利用存在的问题

长期以来,我国对药用植物资源开发利用存在的问题主要表现为:基础性研究工作重视不够;中医药基础理论研究投入少;中药材的质量标准制定、中药材有效商品部位筛选、毒理研究等的研究不足。药用植物开发利用基础研究薄弱还与中药新品种研发投入大、周期长、风险大、企业投入顾虑较多、投资动力不足等诸多因素息息相关。虽然我国每年报批几百种新药研制开发,但大部分仅是在修改或简单加工古方、验方或秘方的基础上进行,导致新药产品科技含量不高、质量不稳定,国际竞争力严重缺乏。尽管目前我国已有国家中药保护品种 900 余种,但还没有以药品名义进入美国市场的植物药。

目前,我国在药用植物资源的基础研究和应用研究方面存在以下问题:

1)植物中有效成分研究与生物学研究脱节严重,尚未形成有机整体。

2）对传统天然药物的有效性研究没有依据现代活性或药理筛选，主要依据长期的民间临床应用经验，进展缓慢。

3）普遍注重对天然原型化学成分的研究和新成分或新结构的发现，对人（试验动物）体内作用及有效代谢产物的研究比较薄弱，无法投入临床应用。

2.7.3　我国药用植物资源利用的建议

植物药是天然药物的主体，占总数的 90% 左右，已成为创制新药的重要来源。因此，要充分利用我国在天然药物开发方面的资源优势进行新药研究和开发，实现我国创新药物研究的目标。

（1）加强对药用植物资源的保护，保护稀有濒危药用植物。

中医药产业的迅速发展导致药用植物资源开发过度，生物多样性遭到严重破坏，相当一部分珍稀药用植物资源濒临灭绝。利用药用植物资源应在保护的基础上进行，因此要加强对药用植物资源的保护，尤其要保护濒危药用植物。

（2）结合新技术、新方法进行开发利用工作。

近年来，国内外新药研制开发的重点逐渐向传统中药及天然产物的开发和利用转移。今后要广泛地使用新技术、新方法，比如引进细胞工程、基因工程、发酵工程的技术和手段以及 GC、GC-MS 和 HPLC-MC 等新技术进行药用植物开发利用。新技术、新方法的使用，将大大提高药用植物资源的利用率。比如将 3S 技术运用到药用植物资源监测体系中，从药用植物的不同部位中提取有效成分，可最大限度地提高资源的利用效率。

（3）加快药用植物开发成果的产业化。

只有科研成果及时地转化，加快药用植物开发成果的产业化，才能促进药用植物资源开发利用的良性发展、快速发展。实现药用植物开发成果的产业化，要克服实验室与市场脱钩、产品不能转化为商品的弊端，大力加强药用植物开发成果与市场间的联系，实现研、产、供、销一条龙。

（4）加快药用植物资源的新药开发研究。

药用植物资源是开发新药的重要来源。1999 年全球销量最好的 20 种非蛋白类药品中有 9 种来自天然药物。现今，近 60% 的世界人口还完全依靠植物药来防治疾病。我国药用植物资源丰富、经济基础相对比较薄弱，开展基于植物资源的新药开发研究，从药用植物资源中寻找创新药物，适合现阶段国情。我国的 10 000 多种植物中，进行过系统的化学和药理研究的仅有 300 余种。因此，从植物中发现天然药物的开发潜力仍然巨大，是未来相当长的时间内产生新药的主要途径之一。

2.8　生物技术在药用植物开发和利用中的应用

生物技术又可称为生物工程,整个生物工程包括很多领域,是一个大的工程体系,主要包括基因、细胞、酶、发酵、蛋白质和海洋生物六大工程,如今在生物科学发展的推动下被广泛应用于各大领域,其中基因和细胞工程的应用最为广泛且取得的应用效果也最佳,尤其是在药用植物生产中的应用,其作用越来越重要,足以见得生物技术对生物科学及药用植物生产的重要性,故将之应用于药用植物开发和保护是必要和重要的。

2.8.1　药用植物开发及保护中生物技术的应用现状

2.8.1.1　加快繁殖速度

组织培养技术是当下常见的生物技术,将之应用于药用植物开发,能够对药用植物的细胞进行组织和培养,以提高药用植物的繁殖速度,并促进脱毒种苗的生产;组织培养技术还可以进行人工控制,因此使得药用植物细胞组织繁殖的可控性得到了提高,与传统的繁殖技术相比,其繁殖速度更快、繁殖系数更大,更有利于药用植物的繁殖及生产。就目前来说已经有超过 100 种药用植物应用组织培养技术得到了繁殖,并通过离体培养获得试管植株,同时基于现有的药用植物快繁技术及无毒苗研究成果,相继研发出了人参快繁技术、西洋参快繁技术、贝母快繁技术、元胡快繁技术和枸杞快繁技术等。

2.8.1.2　提高生产效率

传统药用植物的有效成分多数是次生代谢产物,然而,药用植物中天然存在的次生代谢产物含量通常较低。人为提高药用植物中的次生代谢产物含量的有效方法之一就是利用生物技术,主要是转基因技术,将药用植物中与次生代谢产物合成密切相关的关键酶基因转移到药用植物或异源表达系统中,从而使该关键酶编码基因得到过表达,最终使次生代谢得到有效促进,并产生大量的次级代谢产物。例如,可以利用生物技术将天仙子胺 62-B-22 羟化酶基因转移到富含天仙子胺的莨菪毛状根中,以增加莨菪胺含量,据相关试验结果显示其含量增加到了原来的 5 倍。

2.8.1.3 优化药用植物品质

药用植物品质改良主要包括抗性提高和品质改善,药用植物的抗性涉及范围较广,如抗旱、抗涝、抗盐、抗病等。目前,利用生物技术,主要是转基因技术培育出了很多具有多重抗性的转基因药用植物。

2.8.1.4 实现对药用植物资源的超低温保存

利用植物组织细胞离体系统(生物技术)超低温(–196℃)保存药用植物种质资源获得成功的已达 40 多种,如浙贝母、银杏、杜仲等,包括体细胞胚、花粉胚、悬浮培养细胞和愈伤组织的超低温保存。该技术能长期保存无性繁殖植物的优良品种,并解决组织细胞继代变异等问题。

2.8.2 药用植物开发和保护中生物技术的应用前景

2.8.2.1 天然微量活性及有效成分的生产

运用生物技术如组织培养技术等可生产一些重要的尤其是濒临灭绝的药用植物,从而缓解部分药用植物资源枯竭的现象。此外,生物技术的应用还能提高药用植物中的活性成分,使药用植物的活性增强。

2.8.2.2 DNA 分子标记技术

DNA 作为生物遗传信息的载体,同一个体中的全部细胞均含有相同的 DNA,这种相同性不会随着环境的影响或者个体的差异而有所改变,因此,DNA 分子标记技术可以为已遭破坏的药用植物提供新的技术手段。例如,可将中药材的 DNA 用限制性内切酶处理后对其进行进一步的限制性片段长度的多态性分析,通过此分析可基本确定品种之间、种属之间的 DNA 变异,进而从本质上来揭示物种的遗传变异规律,最终建立药用植物基因库,这是极其珍贵和有意义的。

2.8.2.3 鉴定技术

药用植物鉴定技术是生物技术在药用植物开发应用的必然结果,其目的是更好地区分出不同种类药用植物的形态、种类、药性及化学成分等,尤其是具有一定相似度的药用植物,很大程度上减少了药用植物使用错误的发生。同时可以应用于药用植物道地性鉴别,利用该技术能够绘制出不同药用植物的扩增片段长度多态性(Amplification Fragment Length Polymorphism, AFLP)指纹图谱,从而很好地区分出药用植物,进而区分道地药材,药用植物鉴定技术不仅包括聚合酶链式反应(Polymerase Chain Reaction, PCR)技术和动作电位时程(Action Potential Duration, APD)技术,还包括随机扩增多态性 DNA (Random Amplified Polymorphic DNA, RAPD)、AFLP 等技术。

2.8.2.4　药用植物资源保护

自生物技术得以研发和应用以来,药用植物资源的开发及保护都离不开生物技术。众所周知,我国是世界上药用植物资源最多的国家,但随着经济及医疗事业的发展,很多药用植物资源被大量消耗,这使得药用植物资源保护成为我国医疗领域发展的重要任务,所以作为药用植物资源重要保护手段的生物技术,必须不断进行完善和创新,以促进药用植物的繁殖以及开发和保护药用植物。

2.8.2.5　生物反应器

生物反应器是生物技术在药用植物开发及保护应用的关键,药用植物的细胞繁殖及组织都需要在生物反应器的帮助下得到繁殖效率的提高,但生物反应器对药用植物细胞及组织产业化的推进还比较有限,一定程度影响了药用植物的开发,主要原因有以下几点:第一,具有信息化特点的在线综合细胞调控技术还不够完善,其应用效果还有待提高;第二,聚集现象问题、细胞多相性问题等还没有得到有效解决;第三,在保存细胞株优良形状时还存在产物丢失等不良现象;第四,针对性药用植物培养及相应的数学模式建立难度高;第五,染菌问题还没有合适的方法来解决。

第3章　动物资源的开发利用技术

3.1　焚烧处理技术

3.1.1　焚烧处理定义及术语

焚烧法可以彻底消灭有害病原微生物,同时焚烧产生的热能可回收利用,是一种彻底实现无害化、减量化、资源化的处理方式,且焚烧法占地面积小,技术成熟、可靠。因此,国际上普遍采用焚烧法处理病疫动物尸体及其产品。

（1）物料。

国家或地方规定应该进行集中无害化处理的动物尸体、动物产品或其他相关物品。

（2）焚烧炉温度。

焚烧炉燃烧室出口中心的温度。

（3）烟气停留时间。

燃烧所产生的烟气从最后的空气喷射口或燃烧器出口到换热面或烟道冷风引射口之间的停留时间。

（4）焚毁去除率。

某有机物质经焚烧后所减少的百分比。用以下公式表示：

$$DRE = (W_i - W_o)/W_i \times 100\%$$

式中,W_i 为被焚烧物中某有机物质的质量;W_o 为烟道排放气和焚烧残余物中与 W_i 相应的有机物质的质量之和。

（5）焚烧效率。

烟道排出气体中二氧化碳浓度与二氧化碳和一氧化碳浓度之和的百分比。

（6）焚烧炉渣热灼减率。

焚烧残渣经灼热减少的质量占原焚烧残渣质量分数。

3.1.2　焚烧处理方式

焚烧是通过燃烧动物尸体进行无害化处理的方式。美国、澳大利亚实践过程中，形成了广义的开放式焚烧、固定设施焚烧、气帘焚烧 3 种方式。

3.1.2.1 开放式焚烧

开放式焚烧是在开阔地带用木材堆或其他燃烧技术对动物尸体进行焚烧的无害化处理方式（见图 3-1）。17 世纪，欧洲开始将焚烧作为无害化处理发病动物的一种方法，1967 年英国发生口蹄疫时曾广泛应用该方法，1993 年加拿大发生炭疽疫情时也曾用此法。近年来，该方法只是其他无害化处理方法的必要补充，只有迫不得已时才用，如 2001 年英国口蹄疫大流行期间，曾在 950 个地点处理了 180 万具动物尸体。

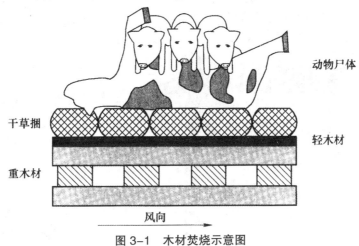

图 3-1　木材焚烧示意图

3.1.2.2 固定设施焚烧

固定设施焚烧是采用专用设施以柴油、天然气、丙烷等为燃料焚烧动物尸体的一种无害化处理方法，可有效灭活包括芽孢在内的病原菌。该方法也有许多形式，如利用火葬场、大型废弃物焚化场、农场、发电厂等的大型或小型固定焚化设备焚烧动物尸体。20世纪70年代,随着宠物殡葬业逐渐发展,小动物尸体焚烧炉在北美和欧洲应用广泛。英国发现疯牛病后,该方法不仅用来焚烧感染疯牛病的动物尸体,而且用于炼制肉骨粉和油脂。目前,该方法已经正式纳入英国口蹄疫应急计划的无害化处理部分。在日本,疯牛病检测结果为阳性的牛都要使用该方法进行无害化处理。该方法的优点是生物安全性很高,缺点是设施昂贵,操作管理较难。目前,经过多年的发展,固定设施焚烧已经成为国内外普遍实行的主要处理措施。

3.1.2.3 气帘焚烧

气帘焚烧是一种较新的焚烧技术,通过多个风道吹进空气,从而产生涡流,可使焚烧速度比开放焚烧速度加快6倍(见图3-2)。气帘焚烧法需要的材料包括木材(与尸体的比例约为1:1或2:1)、燃料(如柴油)等。2001年英国发生口蹄疫时,曾进口了部分气帘焚烧设备对动物尸体进行处理;2002年美国弗吉尼亚州发生禽流感时,也应用该方法处理了火鸡尸体;美国科罗拉多州和蒙大拿州也曾采用该方法处理感染慢性消耗病动物尸体。气帘焚烧法的优点是可移动、环保,适于与残骸清除组合起来进行;缺点是燃料需求量大、工作量大等,且不能用于传染性海绵状脑病感染动物尸体的无害化处理。

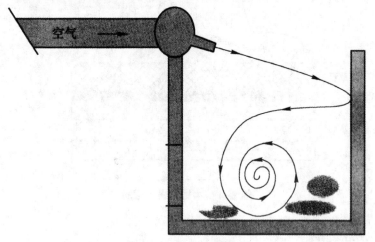

图3-2 气帘焚烧示意

随着经济、技术水平和环保要求的提高,从低技术含量转向高技术含量的处理方式已经是不可逆转的趋势,病死动物的焚烧处理技术也经过多年的发展,趋于成熟化、规范化。

3.1.3　焚烧原理及工艺流程

3.1.3.1　焚烧处理系统基本要求

（1）焚烧工艺总体要求。

焚烧处理工艺必须满足如下基本条件：

1）病死动物及其产品必须经过高温燃烧以彻底焚毁有毒物质。

2）尾气、残渣、污水、飞灰的妥善处理和达标排放。

3）能连续不间断地运行、运行稳定、控制先进。

焚烧炉技术性能要求见表 3-1。

表 3-1　焚烧炉的技术性能指标

焚烧炉温度 /℃	烟气停留时间 /s	燃烧效率 /(%)	焚毁去除率 /(%)	焚烧残渣的热灼减率 /(%)	出口烟气中氧含量（干气）/(%)	炉体表面温度 /℃
≥ 850	≥ 2.0	≥ 99.9	≥ 99.99	<5	6 ～ 12	≤ 50

注：参见《动物无害化集中处理场所通用技术规范》（DB31/T 821—2014）。

在废物焚烧处理技术和设备发展的历程中，产生了多种技术，但基本工艺组合形式一般如图 3-3 所示，其中，焚烧炉技术和烟气净化技术是评价整个焚烧系统的关键所在。

图 3-3　危险废物焚烧处理工艺流程图

（2）焚烧炉概述。

随着焚烧技术的发展，焚烧设备的种类也越来越多，其炉型结构也越来越完善，各种炉型的使用范围和适用条件各不相同，下述是几种比较成熟的常用的炉型。

1）气化熔融炉。气化熔融炉是一种连续式焚烧炉。目前，以日本的流化床式气化熔融炉应用最广。其结构型式由气化炉和熔融炉两部分组成。废物先进入气化炉，在低温缺氧的环境中燃烧，燃烧中产生的大量可燃气体进入熔融炉，不燃物的 80％以飞灰形式存在，在熔融炉中通过配风和大量投加辅助燃料使可燃气体完全燃烧、使飞灰熔融。该炉型是较彻底的无害化焚烧设备，适合于重金属含量高的废物。但该炉型的能耗很高，运行成本高。熔融炉需要耐高温材料，设备投资大。目前还没有用于焚烧动物尸体的先例。

2）炉排炉。炉排炉是使用最普遍的一种连续式焚烧炉，常用在处理量较大的城市生活垃圾焚烧厂中。炉排炉的特点是废物在大面积的炉排上分布，料层厚薄较均匀，空气沿炉排片上升，供氧均匀。炉排炉的关键技术是炉排，一般可分采用往复式、滚筒式、振动式等型式，运行方法和普通炉排燃煤炉相似。由于炉排炉的空气是通过炉排的缝隙穿越与废物混合助燃，所以，病疫动物尸体所含大量油脂和水分容易从炉排的缝隙渗漏，无法处理，而且动物尸体的成分波动大，炉温难以控制导致结焦。目前，上海市动物无害化处理中心项目采用的是炉排炉设备工艺，基本能满足动物尸体的焚烧和排放要求，但高油脂、高水分动物尸体的焚烧效率较低。

3）热解炉（也称为 AB 炉、ABC 炉）。燃烧系统主要由两个单元组成，即热解气化炉或干馏气化炉（一燃室）、燃烧炉焚烧室（二燃室）。一燃室是使废物在缺氧条件下的热解气化区，两个（AB 炉）或三个（ABC 炉）一燃室交替使用。热解炉是一种间断式焚烧炉，燃烧机理为静态缺氧、分级燃烧，经历热解、汽化、燃尽 3 个阶段，即通过控制温度和炉内空气量，过剩空气系数小于 1，废物缺氧燃烧。在此条件下，废物被干燥、加热、分解，其中的有机物、水分和可以分解的组分被释放，热解过程中有机物可被热解转化成可燃性气体（H_2、CO 等）；不可分解的可燃部分在一燃室燃烧，为一燃室提供热量直至成为灰烬。一燃室中释放的可燃气体通过紊流混合区进入二燃室，在氧气充足的条件下完全氧化燃烧，高温分解。

热解炉技术成熟、工艺可靠、操作方便（一次性进料、一次性出渣）、烟气含尘量低。其缺点是热解时间长；非连续运行，波动大；热解温度恰好是二噁英生成的温度区间；只适用于小规模以及小尺寸物料的焚烧。经专家国内考察，该设备不适用于 50kg 以上动物尸体的焚烧，且无切割装置等配套设施，不能满足大中型动物的处理要求。热解气化炉简图如图 3-4 所示。

4）回转窑（也称为回转炉）。回转窑是一种连续式焚烧炉（见图 3-5），在国外已成熟用于病死动物焚烧，国内也已有多处成功案例。炉子主体部分为卧式的钢制圆筒，圆筒与水平线略倾斜安装，进料端（窑头）略高于出料端（窑尾），一般斜度 1%～2%，筒体可绕轴线转动。此炉型适应性强，对物料的性状要求低，用途广泛，基本适用于各类气、液、固体物料。运行时，物料从窑头进入回转窑，在窑内经过干燥段、燃烧段、燃烬段后，焚烧残渣从窑尾排出。液体废物可由固体废物夹带入炉焚烧，或通过喷嘴喷入炉内焚烧。回转窑内焚烧温度在 750～850℃，产生的未完全燃烧的可燃气体进入二燃室,通过供氧和投加辅助燃料的方式进行二次燃烧,燃烧温度达到850℃以上,并且保证烟气在二燃室中停留2s以上,使可燃气体及二噁英彻底分解。该炉型可以连续运行,有利于热能的回收利用,对物料适应性强,技术成熟可靠,操作方便,能耗适中。

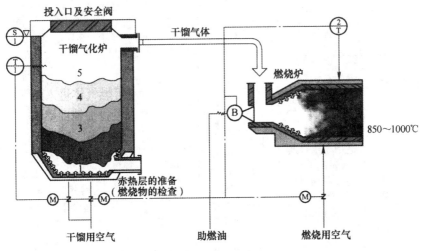

图 3-4　热解气化炉简图

1—灰化层；2—赤热层；3—流动化层；4—传热层；5—气化层

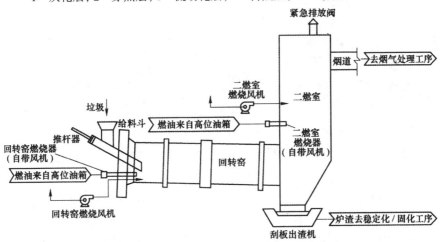

图 3-5　回转窑焚烧炉简图

　　回转窑式焚烧炉因其对废物受热、搅动的条件更为有利,焚烧处理系统适应性更强,可很好满足各种病死动物在进料、出渣、燃烧完全等方面的要求。从目前国内外的情况来看,采用回转窑焚烧炉对病死动物进行处理的比例是较高的。4种炉型对比见表3-2。

表 3-2　四种炉型对比表

项目	气化熔融炉	炉排炉	热解炉	回转窑
处理规模/ （t·d^{-1}）	50～200	200～800	<5	10～70
运行方式	连续	连续	间断	连续
能量消耗	最大	适中	最小	适中
适应范围	适用于重金属含量高的废物。对物料尺寸有要求，不宜过大	适用于各种固体物料。不适于液体及颗粒过于细小的固体物料。适用于大规模焚烧	适用于可燃分高的物料及小规模焚烧。对物料尺寸有要求，不宜过大	适用于各类固体、液体、气体物料，对物料尺寸适应性强，应用范围广。适合于中、小规模焚烧
优点	较彻底的无害化处理，熔融后的灰分可做建筑材料	处理量大，燃烧均匀，工况稳定	技术成熟，操作方便，烟气中尘含量低	技术成熟、可靠，运行工况稳定，物料适应性强
缺点	投资大、运行成本高。没有用于动物尸体焚烧的工程实例	高油脂、高水分以及细小颗粒物的燃烬率低	间断运行系统波动大，处理规模小，不适于体积较大的动物尸体焚烧	对运行人员的技术水平和管理水平要求较高

　　除了上述常用的炉型外，用于处理病死动物的焚烧炉还有多膛式炉、液体喷射炉、旋风炉、船用焚烧炉等小型焚烧炉。

　　国内处理的病死动物及产品的特点多是水分和油脂含量高、有坚硬的钙化物（骨骼）、有切碎后的肢体，也有50kg以上的大块动物尸体，还有形状各异的动物制品。可见，回转窑炉型有广泛的适用性和灵活性，可保持连续运行，最终达标排放。目前，国内外病死动物焚烧炉应用较多的处理工艺是回转窑和热解气化炉两种。回转窑一般处理规模较大（10t/d以上）；对于10t/d以下的焚烧炉，热解气化炉应用较多。国际上病死动物尸体焚烧装置主要采用回转窑，并有很多正常运行多年的业绩，国内也在上海等地设置了回转窑焚烧线，目前运行状况良好。

（3）烟气净化工艺概述。

焚烧法处理废物后产生的烟气虽经余热回收，但为控制二噁英类物质的重新生成，余热锅炉出口烟气温度要控制在 500℃以上，加之烟气中含一定量的粉尘、有毒气体（一氧化碳、氮氧化物、二氧化硫、氯化氢等）、二噁英类物质及重金属（汞、镉、铅等），为防止焚烧产生的烟气对大气环境造成二次污染，必须对烟气进行净化处理。针对不同烟气成分及不同的环境质量控制要求，选用不同的烟气净化系统。

焚烧炉大气污染物排放参考执行《生活垃圾焚烧污染控制标准》（GB 18485—2014），有条件的参考欧盟 2010 年制定的《工业排放指令》（2010/75/EU），具体标准应根据项目环境影响评价要求执行，污染物应设置在线监测系统，信号上传环保局，并对公众予以公示，接受监督。

烟气净化处理标准见表 3-3。

表 3-3　烟气净化处理标准

污染物名称	单位	GB 18485—2014		欧盟 2010/75/EU
		1h 均值	24h 均值	日平均
颗粒物	mg/m³	30	20	10
氮氧化物（NO_x）	mg/m³	300	250	200
二氧化硫（SO_2）	mg/m³	100	80	50
氯化氢（HCl）	mg/m³	60	50	10
Hg 及其化合物（以 Hg 计）	mg/m³	—	0.05	0.05
镉、铊及其化合物（以 Cd+Ti 计）	mg/m³	—	0.1	0.05
锑、砷、铅、铬、钴、铜、锰、镍及其化合物（以 Sb+As+Pb+Cr+Co+Cu+Mn+Ni 计）	mg/m³（标态）	—	1.0	0.5
二噁英类（TEQ）	ng TEQ/m³（标态）	—	0.1	0.1
CO	mg/m³（标态）	100	80	50
HF	mg/m³（标态）	—	—	1
TOC	—	—	—	10
烟气黑度	林格曼级	—	—	1

烟气中各种成分的去除方法汇总见表 3-4。

表 3-4　烟气中各种成分的去除方法

成分	方　法
粉尘	湿法、干法、半干法、静电除尘、布袋除尘、旋风除尘
酸性气体	湿法、干法、半干法
二噁英类物质	燃烧过程控制、急冷、布袋除尘
重金属	湿法、干法、半干法、布袋除尘、除铁器
氮氧化物	选择性催化还原法、选择性非催化还原法

　　焚烧系统烟气净化工艺及设备在近几十年来得到很大发展,尤其进入 20 世纪 80 年代后,随着各国对环境质量提出更高要求,焚烧厂空气污染防治工艺技术及设备日趋成熟,并针对不同的环境质量控制要求形成了不同的工艺路线及设备组合。主流的工艺组合大致有 3 种形式,可以根据不同的焚烧烟气污染物选择,见表 3-5。

表 3-5　烟气净化组合工艺

类型	组　合	备　注
半干法	急冷塔＋半干式喷淋塔＋布袋除尘器	（1）在布袋前设置活性炭系统,按情况设置旋风除尘;
湿法	急冷塔＋布袋除尘器＋湿式洗涤塔	（2）湿法后,可以选择设置消白烟装置;
干法＋湿法	急冷塔＋干式塔＋布袋除尘器＋湿式洗涤塔	（3）引风机可以在湿法洗涤前或后

　　湿式法、干式法、半干式法均能去除粉尘和酸性气体、重金属,其中半干法和湿法常采用的脱硫剂是浓度为 30％ 的 NaOH 溶液,干式法根据脱酸剂的不同可分为生石灰干法(CaO)和小苏打($NaHCO_3$)干法,几种方法比较见表 3-6。

表 3-6　三种净化方法特点比较

项目		干法(Cao)	干法($NaHCO_3$)	半干法(NaOH)	湿法(NaOH)
需要脱酸剂量		高	中等	中等	小
脱酸剂的利用率		低	高	中等	高
效率／（％）	脱 SO_2	70	大于 90	80	大于 90
	脱 HCl	小于 90	大于 95	小于 95	大于 95

续表

项目	干法（Cao）	干法（NaHCO₃）	半干法（NaOH）	湿法（NaOH）
工艺复杂程度	简单	简单	中等	复杂
占地	小	小	中等	大
投资	小	小	中等	大
烟气是否要再热	否	否	否	要
是否需要水处理	否	否	否	要
运行费	少	少	高	略高
排尘 /(mg·m⁻³)(标态)	约 30	约 30	30 ~ 50	约 30
排 HCl/ (mg · m⁻³)（标态）	200	约 50	约 50	约 20
排 SO₂/ (mg · m⁻³)（标态）	约 50	约 30	约 30	约 10
重金属等	好	好	好	好
黏性对布袋的影响	黏性强、易糊袋	无黏性	有黏性、水分高的情况下糊袋	在除尘器后，无影响

由表 3-6 比较可知：

1）湿法脱酸用药剂量最省，反应效率最高，但设备投资高、占地面积大，还需要设置水处理系统，工艺复杂，更适用于烟气中酸性气体浓度较大的类型。

2）半干法脱酸无论从脱酸剂反应效率、设备投资还是工艺复杂程度等方面都适中，但运行中需要向烟气中喷水，使烟气中的含水率提高，而病死动物等物料自身含水率已达 60％ 以上，烟气含水率太高布袋除尘器有糊袋可能，脱酸剂成本也最高，因此并不适用。

3）干法脱酸投资成本低、工艺简单、无废水排放、占地面积最小，但是生石灰黏性很强，在高水分的情况下极易糊袋导致布袋飞灰量大。而小苏打亲水性差，反应效率高，飞灰量相对较小。因此动物尸体焚烧产生的酸性气体量相对较低，通常经过小苏打干法脱酸工艺处理即可达到排放标准。

总体而言，在动物焚烧领域，因动物组分中污染物含量不高，干法应用最广泛。此外，为进一步控制烟气中粉尘含量，有工程采用两级除尘工艺，即在急冷塔后布置旋风分离器，去除大部分颗粒物，以减轻布袋除尘器的负荷。

有理由相信，随着烟气排放标准的不断提高和科技的不断发展，焚烧炉技术和烟气处理技术将日益更新和优化。

（4）焚烧炉排气筒高度。

焚烧炉排气筒的高度及数量设置可符合《生活垃圾焚烧污染控制标准》（GB 18485—2014）的要求并满足环评要求，具体要求如下：

1）焚烧炉排气筒高度见表 3-7。

表 3-7　焚烧炉排气筒高度

焚烧量 /（t·d^{-1}）	排气筒最低允许高度 /m
≤ 300	45
> 300	60

2）新建集中式危险废物焚烧厂焚烧炉排气筒周围半径 200m 内有建筑物时，排气筒高度必须高出最高建筑物 3m 以上。

3）对于几个排气源地焚烧厂应集中到一个排气筒排放或采用多筒集合式排放。

4）焚烧炉排气筒应按《固定污染源排气中颗粒物和气态污染物采样方法》（GB/T 16157—1996）的要求，设置永久采样孔，并在采样孔的正下方 1m 处设置不小于 3m^2 的带护栏安全检测平坦，并设置永久电源（220V）以便放置采样设备进行采样操作。

3.1.3.2　标准规范要求

焚烧处理是指在焚烧容器内，使动物尸体及相关动物产品在富氧或无氧条件下进行氧化反应或热解反应的方法。目前，国内主流的焚烧处理方法可分为直接焚烧法和炭化焚烧法两种。

（1）直接焚烧法。

直接焚烧法（见图 3-6）是将动物尸体及相关动物产品或破碎产物，投至焚烧炉本体燃烧室，经充分氧化、热解，产生的高温烟气进入二燃室继续燃烧，产生的炉渣经出渣机排出。二燃室内的温度应 ≥ 850℃。二燃室出口烟气经余热利用系统、烟气净化系统处理后达标排放。

（2）炭化焚烧法。

炭化是焚烧的一种方式。炭化又称干馏、焦化，是指固体或有机物在隔绝空气条件下加热分解的反应过程或加热固体物质来制取液体或气体（通常会变为固体）产物的一种方式，这个过程不一定会涉及裂解或热解。冷凝后收集产物，与通常蒸馏相比，这个过程需要更高的温度。使用干馏可以从炭或木材中提取液态的燃料。干馏也可以通过热解来分解矿物质盐,例如,对硫酸盐干馏可以产生二氧化硫和三氧化硫,溶于水后就可以得到硫酸;对煤干馏,可得焦炭、煤焦油、粗氨水、煤气。由于动物中大部分为脂肪和蛋白质,因此,病死动物的炭化过程大部分是脂肪和蛋白质的热解过程。

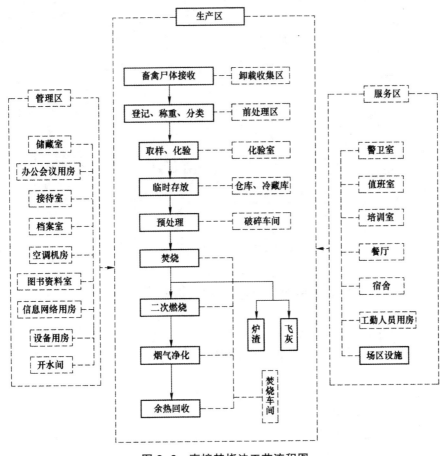

图 3-6　直接焚烧法工艺流程图

　　炭化焚烧法(见图 3-7)是将动物尸体及相关动物产品投至热解炭化室,在无氧情况下经充分热解,产生的热解烟气进入燃烧室(二燃室)继续燃烧,产生的固体炭化物残渣经热解炭化室排出。烟气经过热解炭化室热能回收后,降至 600 ℃ 左右进入排烟管道。烟气经湿式冷却塔进行"急冷"和"脱酸"后进入活性炭吸附和除尘器,最后达标后排放。

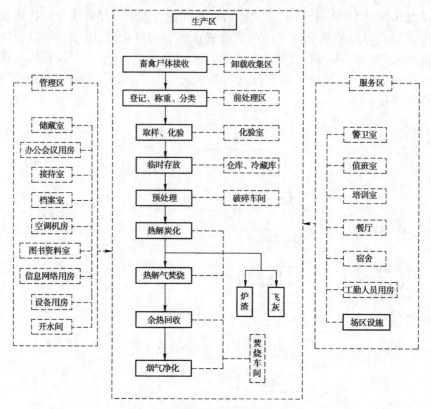

图 3-7 炭化焚烧法工艺流程图

3.2 化制处理技术

3.2.1 化制原理及分类

3.2.1.1 化制法原理

化制法是一种较好的处理病死畜禽的方法,是实现病死畜禽无害化处理、资源化利用的重要途径。

化制法是指在密闭的高压容器内,通过向容器夹层或容器内通入高温饱和蒸汽,在干热、压力或高温、压力的作用下,处理动物尸体及相关动物产品的方法。

化制法是目前国际上普遍认可并推广使用的无害化处理方法,病害动物经过高温、高压灭菌无害化处理后,灭菌指数可达 99.99% 以上,并且处理后物料可作为有机肥料、动物饲料等资源再次利用,油品经精炼提纯后可用于化工、生物柴油等领域,实现无害化处理、资源化利用的目的,符合可持续发展的政策。

3.2.1.2 化制法适用对象

根据《病害动物和病害动物产品生物安全处理规程》(GB 16548—2006),需销毁的病害动物和病害动物产品种类如下:确认为口蹄疫、猪水泡病、猪瘟、非洲猪瘟、非洲马瘟、牛瘟、牛传染性胸膜肺炎、牛海绵状脑病、痒病、绵羊梅迪/维斯那病、蓝舌病、小反刍兽疫、绵羊痘和山羊痘、高致病性禽流感、鸡新城疫、炭疽、鼻疽、狂犬病、羊快疫、羊肠毒血症、肉毒梭菌中毒症、羊猝狙、马传染性贫血病、猪密螺旋体痢疾、猪囊尾蚴、急性猪丹毒、钩端螺旋体病(已黄染肉尸)、布鲁氏菌病、结核病、鸭瘟、兔病毒性出血症、野兔热的染疫动物,以及其他严重危害人畜健康的病害动物及其产品。

化制法适用对象为除了上述规定的动物疫病以外的其他疫病的染疫动物,以及病变严重、肌肉发生退行性变化的动物的整个尸体或胴体、内脏。

3.2.1.3 化制法分类

采用化制法处理工艺,可视情况对动物尸体进行破碎预处理,破碎产物输送入高温、高压容器蒸煮,按照加热介质与处理对象的接触性质,可分为干化法和湿化法两类。

(1)干化法。

干化法是在密闭的高压容器内,通过对夹层通入高温循环热源加热方式对死亡动物进行处理,最终得到稳定的灭菌产物,如动物脂肪和干燥的动物蛋白。

干化法的优点是无害化处理彻底、效率高、产品的附加值高,缺点是一次性投入高、配套附属设备多、能源消耗较大、运行成本高。

(2)湿化法。

湿化法是利用高压饱和蒸汽,直接与畜尸组织接触,当蒸汽遇到动物尸体及其产品而凝结为水时,则能放出大量热能,可使油脂溶化和蛋白质凝固,同时借助于高温与高压,将病原体完全杀灭。

湿化法的优点是利用高温饱和蒸汽无害化处理,灭菌效果好、操作简单、占地面积小,缺点是能耗高、产生的污水难处理。

3.2.1.4　干化法与湿化法比较

以处理规模为 5t/d 的设备为例,干化法及湿化法工艺比较见表 3-8。

表 3-8　化制法工艺比较

项目		干　化　法	湿　化　法	备　注
能耗	蒸汽消耗	11t/d	8t/d	0.8MPa 的饱和蒸汽
	电能消耗	约 200kW	约 300kW	—
设备投资		设备简单,投资较低	投资较高	—
运行操作		操作简单,可选择手动控制	操作较复杂,采用系统自动控制	—
工程应用		国外应用比较广泛,美国、欧洲等小规模处理几乎全部采用干法工艺	国内应用较多,如上海奉贤、宁波北仑、江苏绿汇宿动实业等	—

干化法将病死畜禽体内的水分以蒸汽的形式排出化制机,其要求的处理压力较高,处理时间较长,蒸汽耗量较大。

湿化法蒸汽与病死畜禽直接接触,利用蒸汽的相变放热,蒸汽耗量低,其要求的处理压力较低,处理时间短。

3.2.2　干化工艺系统

3.2.2.1　干化法工艺特点

1)此工艺采用高温、高压处理杀死病菌,处理更彻底、更方便、更快捷。

2)原料经破碎后,变成 50~30mm 的块状,消减空隙,便于熟化均匀、彻底。

3)采用带压卸料,省时省力,减少中间环节污染;压榨后分离的蛋白水分不外排,送入烘干机,没有对环境造成二次污染。

4)工艺重在杀死畜禽所含有害病菌,可做成有机肥和化工原料,变废为宝,提高经济效益,从根本上解决病死畜禽流入市场这一难题。

5）处理后不产生二次污染,对环境无污染。

6）可根据处理规模确定设备规格（单台设备处理能力 2 ～ 10t）,设备占地少,耗能低。

3.2.2.2　干化法工艺流程

干化法工艺流程如图 3-8 所示。

1）病死动物集中收集后,由专用封闭自卸式运输车运送至动物无害化处理中心。

2）病死动物直接整车倒入原料储存仓内进行暂存。

3）卸料完成后,原料储存仓门自动关闭,开启自动喂料系统,物料在呈负压的密闭环境里通过螺旋输送机匀速把物料输送至预碎机内,预碎机刀片采用合金钢堆焊,可实现对整头病死动物的破碎。卸货完成后,仓门自动封闭,物料在密闭的环境里在铰刀的作用下,破碎成粒径 40 ～ 50mm 的肉块。物料输送、预碎完成后,可自动对原料仓及预碎机进行清洗、消毒。

4）破碎后的物料直接进入不锈钢储料斗,储料斗起到缓冲储存的作用,然后通过管道采用负压液压泵输送的方式直接进入高温化制罐,该过程全程密闭、远距离、高流程、输送量 15 ～ 20m³/h,智能操作无须人员直接接触,避免了病菌二次污染,极大地改善了工作环境。

5）物料装至额定质量后,关闭罐口,进行加热升压灭菌,罐内温度达到 140℃（0.3MPa）后,保持压力 30min（也可根据不同物料调整压力和温度）,然后进入干燥阶段,采用低温真空干燥的方式,干燥 4 ～ 6h（根据物料水分的不同来调整干燥时间）后,物料的含水率降至不大于 20%,含油脂 30% 左右。利用批次处理的方式,单批次处理量 5t,投料、蒸煮、烘干、出料整个工艺流程不超过 8h。

6）化制烘干完成后,开启卸料电控阀,物料通过螺旋输送机直接进入半成品缓冲仓,卸料电控阀确保放料时无蒸汽溢出,无须手工操作。缓冲仓对半成品物料进行暂存,并自动匀速搅拌、拱破。

7）半成品物料通过螺旋输送机送入榨油机加热锅内,然后缓慢地进入榨油机榨膛进行油脂分离,将物料含油率降至 10% ～ 12%（达到饲料含油标准）,得到肉骨粉、油脂。

8）肉骨粉通过螺旋输送机进入冷却系统（配置降尘设备）,将物料的温度降至室温 ±5℃。然后物料进入粉碎系统,采用水滴式粉碎机,确保粉碎细度,并配置成套的除尘设备。粉碎后的物料通过自动称重包装系统,包装入库。肉骨粉可作为有机肥使用。

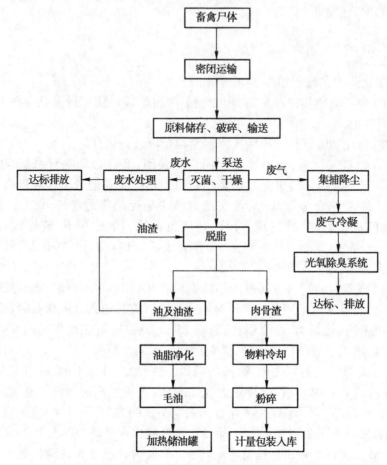

图 3-8　干法化制工艺流程图

9）分离出的油脂经过加热搅拌罐加热搅拌后，进入卧式离心机，通过物理离心得到净化的毛油，毛油通过输油泵、管道，进入油脂储存罐。毛油经过精炼可作为生物柴油。

10）化制烘干过程中，通过真空泵站完成真空控制、水位控制、排水控制等环节，产生的废气经过泄压降尘器降尘后，再进入水冷式冷凝器，将高温水蒸气冷凝成水，冷凝后少量的气体再经过紫外线催化氧化综合处理系统处理后，最后实现完全达标排放。

11）在干燥过程中产生的废水为废气蒸馏水，不含油脂，主要有害成分为化学需氧量、生化需氧量、氨氮，可以直接通过密闭管道排入厂区污水处理设备集中处理,最终实现无污染排放。

12)设备和车辆的清洗消毒废水以及厂区生活用水,集中收集后送入污水处理站处理。

3.2.2.3　工艺设备布置示意图

干法化制设备布置如图 3-9 所示。

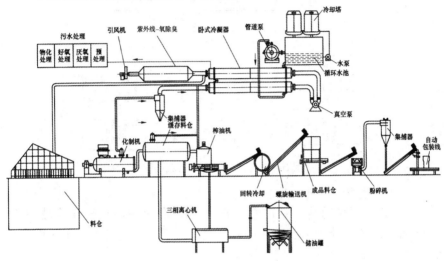

图 3-9　干法化制设备布置示意图

3.2.3　湿化工艺系统

3.2.3.1　湿化法工艺流程

湿法化制系统工艺流程如图 3-10 所示。

(1)收集、储存系统。

该系统采用密闭式周转箱进行动物尸体运输,防止运输过程发生病原体传播。密闭式周转箱易于装卸,操作人员不用直接接触病害动物,将病死动物运送至无害化处理中心。

由工作人员用叉车和专用吊装设备进行卸车,及时处理的动物尸体直接装入湿化筐内,暂时不能处理的病死动物,则根据待处理时间的长短分别放入冷库或暂存区存放,等待处理。卸车完毕后,用消毒清洗器对车辆和周转箱进行消毒清洗处理。

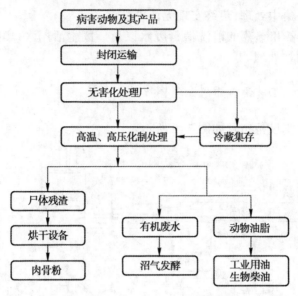

图 3-10　湿法化制工艺流程图

（2）湿化处理系统。

1）病死动物输送。锅门系统开启，自动伸缩架与道轨连接，然后用智能输送设备将处理物沿道轨送入高温高压灭菌湿化机内。湿化设备采用机械式自动连接。

2）罐门密封。牵引机退回原位，自动伸缩架退出，打开锅门关闭系统，所有化制程序启动。

3）预真空。开启负压真空站，抽出空气经过滤器消毒处理。然后开启蒸汽阀门，使蒸汽迅速进入罐内对动物尸体进行湿化处理。

4）高温高压湿化处理。病死畜禽通过轨道输送入湿化机筒体内，温度设定为 160 ~ 190℃，压力设定为 0.8 ~ 1.2MPa，由锅炉供给高温、高压蒸汽，对物料进行高温高压处理，处理时间为 240 ~ 480min（具体时间根据来料的尺寸进行调整）。蒸煮流程结束后，病菌被完全杀死，湿化筐上的固体残渣被牵引出湿化机，进入残渣处理系统，湿化处理产生的油水混合物出湿化机后，进入油水分离系统。

（3）油水分离系统。

达到湿化灭菌效果后，根据工艺程序开启排气阀把余气排入冷凝器，排气阀关闭后，出油阀自动开启，将油水混合物排入高温精炼一次油水分离设备中。一次油水分离器使油水物理分离达到一定效果后把废水排入发酵罐中，然后开启高温加热系统使油精炼，用离心式输油泵将油排入加热式储油罐内，使油再次达到精炼存放。

（4）处理后物料输送系统。

化制机内部工作完毕后,排气系统自动关闭,锅门上方排气口自动开启。开启锅门系统,打开自动伸缩架与道轨连接,智能牵引机开启,自动吸合,将装有处理物的湿化筐送入提升系统,开启进料仓,提升系统将处理物倒入进料仓,倒完料的湿化筐依次进入清洗区进行清洗、消毒处理,处理后再装料进入下一次工作。

（5）物料粉碎、烘干。

关闭进料仓,物料在低转速的强劲的高扭矩剪切均匀使物料粉碎到直径为 1～3cm 大小的颗粒,进入烘干设备,不断分搅、烘干后装袋储存。

（6）清洗消毒系统。

湿化机在工作后,打开自动消毒系统(由高压罐,加温盘管,高温、高压泵及自动系统组成)进行全方位消毒处理。设备开启系统,清理消毒一次,两边设有清洗喷头。油水分离器在停止工作时,可自动开启高温消毒系统进行高温消毒清理,保持清洁。

（7）废水处理系统。

处理过程中产生的有机废水则进行厌氧发酵,产生沼气循环利用,所有清洗的废水进入污水处理系统,不再重复利用。

（8）废气治理系统。

病害动物经无害化处理、有机肥发酵过程产生和散发出含有硫醇类、硫醚类、硫化物、醛类、吲哚类、脂肪酸、酚类、胺类等气体,经收集管道收集过滤后进入喷淋净化塔内,冲击塔内的液体,使净化气体进入紫外线设备进行紫外线裂解后由 15m 管道达标排放。

3.2.3.2　工艺设备布置示意图

湿法化制设备布置如图 3-11 所示。

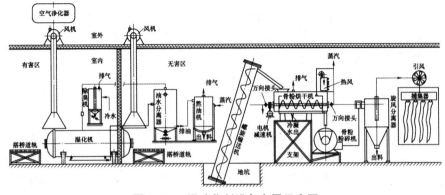

图 3-11　湿法化制设备布置示意图

3.3 湿法化制生物转化处理动物基质综合利用

死亡动物经湿法化制生物转化处理后收获蝇蛆和有机肥,具有非常大的综合利用和深度开发价值,市场潜力巨大。

3.3.1 蝇蛆的资源开发及利用

3.3.1.1 蛋白饲料开发

近年来,随着养殖规模的扩大和饲料工业的迅猛发展,中国很多地区蛋白质饲料供求呈现紧张状态,而豆粕、鱼粉等蛋白饲料价格又居高不下,因此,加速开发、推广和应用新型、安全、高效的蛋白质饲料,提高饲料和食品的安全与质量已迫在眉睫。

家蝇是中国大部分地区最常见、数量最多的一种昆虫,具有繁殖力强、生命周期短等特点。一只雌性苍蝇一次可产卵 1500 只左右,在温度适宜的情况下,由卵到成蝇一个周期不到 20d,由卵成熟蛆虫仅需 5d,干物质积累每 9.8min 就增加 1 倍,这是迄今为止一切生产动物蛋白的种类都无法相比的。

蝇蛆是家蝇的幼虫,它适口性好、转化率高、含有多种脂肪酸、矿物质、维生素、氨基酸。无论是鲜虫还是蝇蛆干粉,粗蛋白质的含量都与鲜鱼、鱼粉及肉骨粉相近或略高。同时蝇蛆的营养成分较为全面,含有动物所需的多种氨基酸,且含量大多高于鱼粉,必需氨基酸总量是鱼粉的 2.3 倍,达 43.3%,超过联合国粮农组织/世界卫生组织提出的参考值 40%;其必需氨基酸与非必需氨基酸的比值为 0.76,超过联合国粮农组织/世界卫生组织提出的参考值 0.6。同时,幼虫体内还含有铁、锌、锰等 10 多种微量元素,是一种优质蛋白质资源。

研究人员用含蝇蛆的饲料喂养产蛋鸡,产蛋率由 75.41% 上升到 80.30%,喂鱼增产 22% 以上,喂猪生产速度提高 19.2%～42%,且节省 20%～40% 的饲料。因此,用蝇蛆作为饲料蛋白源,可明显提高饲料质量,降低饲料成本和饲料用量。无论是从营养价值方面,还是从成本方面,蝇蛆蛋白都具有很大的优越性,是物美价廉的动物蛋白饲料。

蝇蛆作为动物性高蛋白饲料已在很多动物饲养和水产养殖方面得到

研究和应用,如鸡鸭等禽类,青鱼、黄颡鱼、彭泽鲫、黄鳝、甲鱼、泥鳅等鱼类,螃蟹、虾类和蛙类等。研究结果表明,蝇蛆的应用能够在不同程度上促进养殖物生长,增强养殖物肌体对病害的抵抗能力,增加成活率,提高品质和商品性状,是一种经济价值和市场价值都高的饲料源。用蝇蛆饲养虫子鸡,效益非常不错。一般 200 笼苍蝇可以日产鲜蛆 100kg,用来饲养 2000 只虫子鸡。所谓虫子鸡,并不是鸡的一个新品种,而是因喂养鸡的原料——蝇蛆而得名。虫子鸡一股采取放养,保证了空气通畅,饲养环境相当不错。虫子鸡最吸引人的地方在于营养价值,它的维生素 E 含量是普通鸡的 8～10 倍。因为这种虫子鸡的饲料特殊,而且饲料来源以昆虫鲜活饵料为主,所以鸡的价格也较高,买一只鸡需要花费 100～120 元。可见,蝇蛆作为动物饲料再加上合理的饲养模式将无疑具有巨大的市场和商业价值。

然而,蝇蛆作为饲料应用仍存在一些问题和瓶颈。有研究表明,不同动物,或同一动物不同生长期对蝇蛆饲用比例的响应存在一定差异,如果饲用过量很可能适得其反。因此,在应用蝇蛆作为动物饲料使用时,一定要预先通过小范围试验来确定合理的饲料量。

3.3.1.2　蛋白食品保健品开发

蝇蛆蛋白含量 60% 以上,含有丰富的氨基酸,其营养丰富,为优质食物蛋白,其中所含氨基酸均能满足儿童和成人建议的氨基酸需要量。以家蝇幼虫(蝇蛆)作为人类的食物和滋补食品,在明朝李时珍时代就已经有记载,《红楼梦》中将蝇蛆称为"肉笋"作为佳肴入宴。蝇蛆蛋白除作为动物蛋白饲料外,在良好作业规范(Good Manufacturing Practice,GMP)保健品生产车间条件下养殖无菌家蝇并用食品级饲料培养的蝇蛆,可直接食用。

(1)比较传统的蝇蛆食品。

1)蝇蛆罐头:选择体态完整的蝇蛆,经过蛆体清理除杂、清洗、固化、调味、装罐、排气、密封、杀菌、保温检验、冷却,制成风味各异的蝇蛆罐头。

2)蝇蛆酱油:张延军等研究将鲜蝇蛆清洗、拣选、加 3 倍水磨浆、调pH、加酶水解、水浴加热、灭酶、粗滤、杀菌、调味调色、搅拌、过滤、分装、封口、检验等工艺流程制成蝇蛆酱油。产品味道鲜美、营养丰富。

3)蝇蛆保健酒:王明福等利用老熟蝇蛆、白酒、红枣等原料,经过蛆体清理去杂、同化、烘干脱水、白酒浸泡、成品包装等工艺流程加工出来的保健酒,酒色红润、口味甘醇,具有安神、养心、健脾等功效。

（2）蝇蛆蛋白粉。

据研究,蝇蛆蛋白粉具有抗菌、抗病毒、清除自由基等作用。20世纪提取动物蛋白多采用有机溶剂萃取提纯法,蛋白产量高,但是溶剂对蛋白中的含硫氨基酸破坏性强,产品灰分含量高,品质差。目前,提取昆虫蛋白通常采用的方法主要有碱提法、盐提法、缓冲液法等数种。

张爱君等研究认为,蛋白提取的最佳条件为液料比20mL/g,浸提温度80℃,浸提时间2h,碱浓度1%（质量/体积）。在此条件下,所得蝇蛆蛋白粉蛋白氮含量为11.14%,蛋白得率为57.53%,提取效率为69.84%。对最优条件下得到的蝇蛆蛋白粉进行理化指标检测,并与速溶豆粉的企业标准以及脱脂乳粉的国家标准进行比较后发现水分、灰分、脂肪、蛋白含量均已达到可食用级别,重金属铅、汞、砷含量均低于限量要求,微生物检测不含致病菌和大肠杆菌,在最优提取条件下所得蝇蛆蛋白粉,综合指标已达可食用标准。

目前,蝇蛆的研究开发利用还处于初级阶段。特别是在食品中的应用还有待于进一步开发。

3.3.1.3　医药品开发

李时珍早在《本草纲目》中就开出了"拳毛倒睫,以腊月蛰蝇干研为末,以鼻频嗅之,即愈"的良方。李时珍还说:"蛆,蝇之子也。粪中蛆:治小儿诸疳积疳疮,热病谵妄,毒疮作吐。泥中蛆:治目赤,洗净,晒研贴之。马肉蛆:治疗针、箭入肉中。蛤蟆肉蛆:治疗小儿诸疳。"现代的中医也将蝇蛆正常入药。

家蝇对恶劣环境具有极强的适应能力和有效的防御机制,具有独特的免疫功能,其体内含有一种强烈杀菌作用的"抗菌活性蛋白",也称抗菌肽,这种活性蛋白只有1/10 000浓度就足以杀灭入侵的病菌,其效力是目前人类已发现的任何一种抗生素所无法比拟的。抗菌肽具有相对分子质量低、热稳定、强碱性和广谱抗菌等特点,对金黄色葡萄球菌、肠产毒性大肠杆菌及柑橘溃疡病菌等细菌生长有抑制作用,对病毒、原虫、多种癌细胞及动物实体瘤有明显的杀伤作用。蝇蛆抗菌肽的效力高于其他抗生素,这是家蝇出入于污浊环境却百毒不侵的奥秘。

蛆蛹羽化后蜕下的外壳是较纯的几丁质,在国际市场上售价1700万美元/t。它属于含氮多糖类,被科学家称为"人体第六生命要素"。几丁质或几丁质衍生物均属无毒物质,可进行生物缓解,具有许多独特的医药功能和药理作用。它不仅能够强化肝脏功能,还具有通便润肠、吸附和排除重金属毒素,清除人体代谢废物及血管中的氧毒素,有效降低血脂血糖,还能够减少胃酸,抑制溃疡,并能选择性地凝集白血病细胞,降低胆固醇及甘油三酸酯等,因此,可用于减肥、健胃,治疗胆囊病(防止吸收脂类物质)、冠心病和各种胃肠道病(降低体内胆汁酸、胆固醇及其他甾醇的浓度)。

　　壳聚糖为天然多糖甲壳素(聚 β–1、4-N– 乙酰 – 氨基葡萄糖)脱除部分乙酰基的产物,其化学名为 β–1、4-2– 氨基 –2– 脱氧 –D– 葡聚糖,是自然界唯一的碱性多糖,具有抑菌、抗癌、降脂、增强免疫力等多种生理功能,已广泛应用于医药、食品、轻纺、农业和环境保护等行业。目前我国生产甲壳素产品的原料主要是虾、蟹的外壳,由于原料供应受地域和季节等因素影响,致使甲壳素产品供不应求。研究发现,蝇蛆壳中含有丰富的甲壳素(8%～ 10%),且其色素及钙盐含量均较低,是一种不可多得的天然生物资源,具有很高的应用价值。然而,蝇蛆壳多以废料的形式被丢弃,不仅浪费资源,也对环境造成了污染。研究表明,壳聚糖具有降血压、降血脂、降血糖、增强免疫力、保护胃黏膜、抗肿瘤及延缓衰老等生物学作用。蝇蛆壳聚糖能升高载脂蛋白 AI (ApoAI),升高 ApoAI/ApoB 比值,使卵磷脂胆固醇酰基转移酶活性显著升高,提高超氧化物歧化酶活性,降低丙二醛含量,提高 NO 水平。覃容贵等研究表明,蝇蛆壳聚糖调节血脂的作用机制是多方面的。蝇蛆壳聚糖通过升高高密度脂蛋白胆固醇,升高 ApoAI,激活卵磷脂胆固醇酰基转移酶,促进胆固醇的逆向转运,抑制低密度脂蛋白胆固醇氧化修饰,调节血脂水平;通过提高超氧化物歧化酶活性,增强机体抗脂质过氧化作用的能力,调节血脂水平;通过促进 NO 的生成和释放,改善血管内皮的功能,调节血脂水平。

　　此外,蝇蛆体内还含有一种粪产碱菌,能抑制皮肤脓疮的多种病菌,并能促进表皮的生成和创伤的愈合。家蝇体内还含有 2%～ 4% 的磷脂,磷脂具有保护细胞膜、降血脂、防治心血管疾病等方面的作用。从蝇蛆提取的各种药物已经开始治疗深度创伤、脑血栓、高血脂、骨质疏松、肝炎、癌、糖尿病等,因此蝇蛆在医药开发方面前景广阔。

　　综上所述,蝇蛆浑身是宝,资源开发利用的前景甚好。然而,在工业化、规模化利用蝇蛆开发新产品、新物质的过程中仍存在或面临很多问题,如原材料供应问题、加工工艺、成本等问题。只有解决好这些瓶颈,利用蝇蛆开发高附加值产品才能在产业化发展的道路上越走越好。

3.3.2　有机肥的资源开发及利用

　　中国是农业大国,也是化肥使用大国,据报道,我国的化肥使用量占世界的35％,相当于美国和印度的总和。总体来看,近几年我国农业投入边际效益明显下降了。长期大量施用化肥可使土壤肥力下降,引起土壤酸化、氮肥利用率下降,导致农田污染加剧。土壤肥力是土壤的基本属性和本质特征,是土壤为植物生长供应和协调养分、水分、空气和热量的能力,是土壤物理、化学和生物学性质的综合反应。有机质是土壤肥力的标志性物质,其含有丰富的植物所需要的养分,调节土壤的理化性状,是衡量土壤养分的重要指标。研究表明,施用有机肥不仅能够有效提高土壤有机质含量,而且可增加土壤养分含量和土壤有益微生物数量,提高土壤酶活性,增加作物产量。

3.3.2.1　有机肥在调控作物生长和提高肥力中的作用

(1)提供作物生长所需的养分。

有机肥料富含作物生长所需的养分,能源源不断地供给作物生长。除矿质养分外,有机质在土壤中分解产生二氧化碳,可作为作物光合作用的原料,有利于作物产量的提高。提供养分是有机肥料作为肥料的最基本特性,也是有机肥料最主要的作用。

(2)改良土壤,增强土壤肥力。

提高土壤有机质含量,更新土壤腐殖质组成,培肥土壤。土壤有机质是土壤肥力的重要指标,是形成良好土壤环境的物质基础。土壤有机质由土壤中未分解的、半分解的有机物质残体和腐殖质组成。施入土壤中的新鲜有机肥料,在微生物的作用下,分解转化成简单的化合物,同时经过生物化学的作用,又重新组合成新的、更为复杂的、比较稳定的、土壤特有的大分子高聚有机化合物,为黑色或棕色的有机胶体,即腐殖质。

(3)提高土壤生物活性,刺激作物生长。

有机肥料是微生物取得能量和养分的主要来源,施用有机肥料,有利于土壤微生物活动,促进作物生长发育。微生物在活动中或死亡后排出的物质,不只是氮、磷、钾等无机养分,还能产生谷氨酰胺、脯氨酸等多种氨基酸和维生素,还有细胞分裂素、植物生长素、赤霉素等植物激素。少量的维生素与植物激素就可以给作物的生长发育带来巨大影响。

(4)提高解毒效果,净化土壤环境。

有机肥料有解毒作用,其解毒原因在于有机肥料能提高土壤阳离子代换量,增加对镉的吸附。同时,有机质分解的中间产物与镉发生螯合作用形成稳定性络合物而解毒,有毒的可溶性络合物可随水下渗或排出土壤,提高了土壤自净能力。有机肥料一般还能减少铅的供应,增加砷的固定。

3.3.2.2　有机肥生产工艺流程

随着我国农业的发展,具有更高经济价值的经济作物、果树及花卉种植栽培面积正逐年扩大,在种植过程中为了提高土壤肥力,增加产量,改善品质,每年都需要施用大量有机肥。因此,开发不同作物、果树或花卉专用有机肥将是以后有机肥的主要发展方向。下面简要介绍两种不同种类有机肥产品的标准、生产过程及应用。

(1)有机 – 无机复混专用肥料。

1)生产标准:《有机 – 无机复混肥料》(GB/T 18877—2020)要求:总养分($N+P_2O_5+K_2O$)质量分数 ≥ 15.0%、水分(H_2O)≤ 10.0%、有机质 ≥ 20%、粒度(1.00 ~ 4.75mm 或 3.35 ~ 5.60mm)≥ 70%、酸碱度pH=5.5 ~ 8.0、蛔虫卵死亡率 ≥ 950%、大肠菌值 ≥ 10%、含氯离子(Cl^{-1})≤ 3.0%、砷(As)≤ 0.005%、镉(Cd)≤ 0.001%、铅(Pb)≤ 0.015%、铬(Cr)≤ 0.05%、汞(Hg)≤ 0.0005%。

在有机肥料中加入化肥混合,就形成了有机 – 无机复混专用肥料,可以造粒,也可以掺混后直接使用。专用肥是指根据作物生长需要的氮、磷、钾肥及中微量元素的比例而配制的,既可以配制成作物整个生长阶段使用的专用肥,也可以配制成作物不同生长时期使用的专用肥。

2)有机 – 无机复混专用肥料的加工。有机 – 无机复混专用肥料原料的制备:生产复混专用肥的原料(过磷酸钙、尿素、硫酸钾等)如不进行粉碎就会造成颗粒较大、造粒不好、肥料混配不均匀的现象,会直接影响到复混专用肥的质量和外观。因此,在造粒之前,必须分别进行粉碎,保证各种物料粒度小于 1mm。

过磷酸钙、尿素可用链式粉碎机粉碎。尿素不能用高速磨粉机粉碎,以免温度高,物料黏度大,粉碎效果差。氯化钾可用高速磨粉机粉碎,也可用链式粉碎机粉碎。经粉碎后的物料最好经振动筛筛选,小于 1mm 的物料用来混合造粒,大于 1mm 的物料返回再次粉碎。

(2)生物有机专用肥料。

1)生产标准:《生物有机肥》(NY 884—2012)要求有效活菌数(cfu)≥ 0.20 亿 /g、有机质(以干基计)≥ 40.0%、水分 ≤ 30.0%、pH 5.5 ~ 8.5、粪大肠菌群数 ≤ 100 个 /g、蛔虫卵死亡率 95%、有效期 ≥ 6月。另外,标准要求有机肥中总砷(As)≤ 15mg/kg、总镉(Cd)≤ 3mg/kg、总铅(Pb)≤ 50mg/kg、总铬(Cr)≤ 150mg/kg、总汞(Hg)≤ 2mg/kg。

2)主要生产工艺:以发酵加工后的有机肥料为载体,加入功能菌,可加工成生物有机专用肥料。生物有机专用肥料中所加的微生物种类也很多,按其成品中特定微生物的种类可分为细菌类、放线菌类、真菌类;按其作用机理可分为根瘤菌类、固氮类、解磷菌类、解钾菌类;按有机肥料所加微生物种类的数目可分为单一的生物有机专用肥料和有机－无机复混生物有机专用肥料。

3.4 药用动物资源综合利用实例

3.4.1 动物血的加工利用

动物血液是富含以蛋白成分为主的各种有机营养源(见表 3-9、表 3-10),是屠宰场的廉价资源。目前,动物血液中,仅少量食用及部分加工成血粉作饲料或肥料,较大部分则被作废料排放,甚至成为污染源。猪血的利用程度很低,猪血的营养十分丰富,猪血蛋白质所含的氨基酸比例与人体氨基酸的比例接近,非常容易被人体利用,因此,猪血在动物性食物中最容易被消化、吸收,素有"液态肉"之称。猪血价廉物美,堪称"养血之王"。我国具有丰富的猪血资源,每年可得猪血总量约为 10 亿 kg。目前大部分猪血被废弃,既浪费了宝贵的生物资源,又造成严重的环境污染。猪血的利用率尚不到 1%,被利用的猪血绝大部分被加工成饲料、血豆腐等,产品的附加值较低。

3.4.1.1 从猪血中提取血红素

血红素为棕红色晶体,在透射光中呈棕色,在反射光中呈蓝色,不溶于水、醋酸及盐类,微溶于乙醇和乙醚,溶于吡啶、氯仿、盐酸及有机碱,难溶于碳酸盐溶液,在阴暗处较稳定。利用血液生产的血红素,主要用于抗癌药物——血卟啉的合成,医药上为抗贫血剂,食品上作为食用色素,可代替熟肉制品中的发色剂亚硝酸盐及人工合成色素,具有很高的实用价值。

表 3-9　血液的化学组分

单位：%

成分	水分	蛋白质	脂肪	碳水化合物	灰分
猪血	79.1	18.9	0.4	0.6	1.0
猪血浆	92.2	6.1	0.11	—	0.9

续表

成分	水分	蛋白质	脂肪	碳水化合物	灰分
牛血	80.9	17.3	0.5	0.5	0.8
羊血	82.9	16.4	0.5	0.1	0.5

表 3-10　猪血浆的氨基酸及微量元素

氨基酸	含量 / [mg·(100g)$^{-1}$]	微量元素	含量 / (μg·mL^{-1})	氨基酸	含量 / [mg·(100g)$^{-1}$]	微量元素	含量 / (μg·mL^{-1})
苏氨酸	5.09	钠	4300	谷氨酸	4.93	钴	19.09
蛋氨酸	3.71	钾	430	脯氨酸	1.40	镁	<0.02
异亮氨酸	1.44	锰	0.011	甘氨酸	3.63	游离氨	5000
亮氨酸	2.62	铜	2.35	丙氨酸	5.22	硫酸盐	18
苯丙氨酸	3.42	磷	98.8	胱氨酸	0.70	铬	0.04
赖氨酸	2.41	铁	1.08	酪氨酸	0.96	硼	微量
丝氨酸	1.33	钙	18.1	组氨酸	0.93	铝	微量
天冬氨酸	0.33	锌	2.8	精氨酸	1.81	硅	微量

（1）常温提取法。

1）采血。宰猪前先准备好盛血容器和抗凝剂,容器应是非金属制品,或搪瓷容器,不带水,用前冲洗干净。抗凝剂的配制:取柠檬酸钠 15g,加水 150mL,配成 10% 柠檬酸钠溶液。

2）制血。100g 血加抗凝剂 5～10mL,迅速搅拌均匀,静置至分层,除去上层黄红色血浆,取下层血细胞。

3）水解。按血细胞量加入 0.1%～0.2% 亚硫酸氢钠(先用少量水溶解),搅匀,再加 5 倍体积丙酮 - 盐酸溶解液(丙酮:盐酸 =100 : 3),搅拌 5min。

4）过滤、碱化。水解液用双层的确良布或尼龙绸布(80～120 目)过滤,除去沉淀的蛋白杂质,取滤液,用 8% NaOH 溶液调 pH 到 5～5.5。

5）沉淀。向碱化溶液中加入 1% 醋酸钠,用玻璃棒搅匀,静置约 1h,血红素沉淀析出。

6）过滤、洗涤。将血红素沉淀滤出，在滤布上依次用蒸馏水、乙醇、乙醚冲洗。

7）干燥。晾干或于干燥皿中干燥，即为成品，产率一般为0.3%～0.5%。

（2）冰醋酸法。

在可密闭的提取缸中先加血液量4倍的冰醋酸，搅拌，升温至90℃，边搅边从料孔缓缓加入血液。如血凝固，要先将血搅碎。血液加完后封闭料孔，维持90℃，搅拌提取0.5h，降到室温，放置过夜。次日晨可看到罐底析出亮晶晶的物质，吸出上清液，过滤，取沉淀物，依次用50%醋酸液、蒸馏水、90%乙醇和乙醚洗涤。每次洗涤需在上次洗涤后将滤液滤净后进行。洗涤方法是先将沉淀挑松，然后加洗涤剂，轻轻搅拌混合，静置一会儿，抽滤。沉淀干燥即为粗血红素。

（3）精制法。

将血红素粗品16g放入250mL具塞罐形瓶中，加入80mL吡啶，充分溶解后再加120mL氯仿，盖好瓶塞，振荡20min，过滤，沉淀，再用50mL氯仿洗1次，再过滤，合并两次滤液。另取1000mL具塞罐形瓶，加入70mL冰醋酸，加热至沸，再加10mL饱和NaCl溶液和10mL HCl。停止加热，将上述滤液倒入该溶液中，搅拌、过滤。再用30mL氯仿洗涤沉淀残渣、过滤。合并两次收集的滤液，放置过夜，血红素结晶析出。过滤，结晶用100mL冰醋酸洗涤、晾干，即得到血红素精品。以粗品计，血红素精制收率为85%～95%。

3.4.1.2　从猪血中提取超氧化物歧化酶

超氧化物歧化酶是一种重要的氧自由基清除剂，作为药用酶在美国、德国、澳大利亚等国已有产品。目前，超氧化物歧化酶临床应用集中在自身免疫性疾病上，如风湿关节炎、红斑狼疮、皮肌炎、肺气肿等；也用于抗辐射、抗肿瘤、治疗氧中毒、心肌缺氧与缺血再灌注综合征以及某些心血管疾病，具有抗炎、抗病毒感染、延缓人体衰老、防止色斑形成等功能。利用动物血生产超氧化物歧化酶最为理想，超氧化物歧化酶对pH和温度不是很敏感，有利于生产控制。超氧化物歧化酶的化学结构见图3-12。现以从猪血中提取超氧化物歧化酶为例，简单介绍其制备工艺。

（1）离心。

取新鲜猪血，离心去除血浆，收集红细胞。

（2）溶血。

干净红细胞加水溶血30min，然后加入1/4体积的95%乙醇和3/20体积的绿矾，搅拌15min，离心去血红蛋白，收集上清液。

（3）沉淀。

将上述清液加入 1.2 ～ 1.5 倍体积的丙酮,产生大量絮状沉淀,离心得沉淀物。再将沉淀物加适量水,离心去不溶物,上清液于 60 ～ 70℃热处理 10min,离心去沉淀物得浅绿色的澄清液。

（4）柱层析、洗脱、超滤、浓缩。

将上述澄清液超滤浓缩后小心加到已用2.5mmol/L、pH=7.6磷酸缓冲液平衡好的 DEAE-Sephadex A50 柱上吸附,并用 pH=7.6 的 2.5 ～ 50mmol/L 的磷酸缓冲液进行梯度洗脱,收集具有超氧化物歧化酶活性的洗脱液。

（5）冷冻干燥。

将上述洗脱液再一次超滤浓缩、无菌过滤,冷冻干燥得成品。

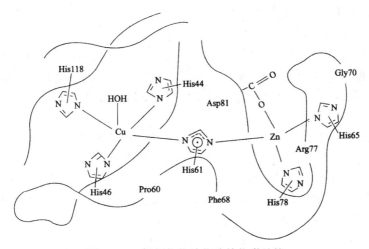

图 3-12　超氧化物歧化酶的化学结构

3.4.1.3　从猪血中提取凝血酶

凝血酶是一个专一性很强的丝氨酸蛋白酶,相对分子质量为 335 800,是由两条肽链组成的,多肽链之间以二硫键相连接,为蛋白水解酶,呈白色无定形粉末,溶于水,不溶于有机溶剂,干粉储存于 2 ～ 8℃,很稳定,水溶液在室温下 8h 内失活。遇热、稀酸、碱、金属等活力明显降低。

凝血酶是人和脊椎动物机体凝血系统中的天然组分,由前体凝血酶原组成(凝血因子Ⅱ)。绝大多数凝血因子都以酶依次降解而成为有活性的酶,每一次活化生成的酶,就以紧邻的下一凝血因子为底物,促使其成为具有活性的凝血因子,这一系统的连锁反应一直进行到最后凝血酶的生成。一旦凝血酶生成,就会迅速将溶解于血浆中的纤维蛋白原转变成凝胶态纤维蛋白，纤维蛋白作为血小板、红细胞等沉积的网架，将这些血细胞紧紧裹住形成血栓，牢牢粘贴在破损血管壁上防止血液流失。因而，凝血酶既有激活血浆中纤维蛋白原转变为纤维蛋白质，又有诱导血小板聚集、释放某些成分加速和加强血液凝固，以及活化凝血因子 V、凝血因子Ⅶ、凝血因子Ⅷ、凝血因子 X、凝血因子Ⅻ等几个凝血因子，甚至还有活化血纤溶酶原的作用。

凝血酶在临床上应用广泛，既可以用于局部伤口，也可以口服，用于胃出血和十二指肠出血。目前凝血酶的应用，已由单纯的局部外敷发展到外科手术、耳鼻喉、口腔、妇产、泌尿及消化道等部位出血的止血。凝血酶止血效果好，且无副作用，故深受广大用户欢迎。

下面简要介绍其操作工艺。

（1）分离血浆。

取动物血液，按 1kg 动物血液加 3.8g 柠檬酸三钠抗凝，搅拌均匀，装入离心管中，以 3000r/min 的速度离心 15min，上清液是血浆，沉淀是血细胞和血小板，收集血浆（血细胞可另存放供制备血红素）。

（2）提取凝血酶原。

把血浆溶于 10 倍的蒸馏水中，用浓度 1% 的醋酸调节 pH 至 5.3，离心 10～15min，弃去上清液，沉淀即为凝血酶原。

（3）凝血酶原的激活。

在 25～30℃条件下，将凝血酶原溶于 1～2 倍的 0.9% 氯化钠溶液中，搅拌均匀，加入占凝血酶原质量 1.5% 的氯化钙，搅拌 10min，在 4℃下放置 1.5h 左右，保证凝血酶原转化为凝血酶。

（4）分离凝血酶。

将激活的凝血酶溶液用离心机离心 15min，沉淀为纤维蛋白，弃去。上清液移入搪瓷桶中，加入等量的预冷至 4℃的丙酮，搅拌均匀，冷却静置过夜，然后离心分离，上清液可回收丙酮。沉淀再加冷丙酮洗涤并研细，冷却静置 2～3d，然后过滤，滤液回收丙酮，沉淀依次用乙醇和乙醚洗涤一次，真空干燥或放在干燥器、石灰缸中干燥，即得凝血酶粗品。

（5）除杂、沉淀、干燥。

把粗品溶于适量（1 倍左右）的 0.9% 氯化钠溶液中，在 0℃放置 6h以上，然后用滤纸过滤，滤出的沉淀再用 0.9% 氯化钠溶液溶解，在 0℃放置 6h 以上，过滤，合并两次滤液，用 1% 醋酸溶液调节 pH 为 5.5。然后离心，弃去沉淀，收集上清液，在上清液中加入 2 倍量预冷至 4℃的丙酮，静置 24h 以上，然后过滤，沉淀依次用无水乙醇、乙醚各洗涤一次，真空干燥，即得精制凝血酶。

3.4.2　动物胆汁的利用技术

3.4.2.1　概述

利用动物胆汁,可以从中提取胆酸类药物。胆酸类药物不仅可以从动植物细胞或微生物细胞中直接提取,有的可用化学合成或半合成法生产,有的可由微生物发酵或酶转化法生产。如磷脂及胆固醇从脑干中提取,胆红素及胆酸从胆汁中提取;血卟啉和去氢胆酸则采用化学半合成法生产;而牛黄熊去氧胆酸及 PGE_2 用酶转化法生产;CoQ_{10} 则由烟草细胞培养法生产。该类药物药理效应及临床应用也各不相同,如 PGE_2 有催产及引产作用,牛磺熊去氧胆酸有解热降温及消炎作用,而血卟啉则为癌症激光疗法辅助剂等。

3.4.2.2　胆红素的生产技术

胆红素存在于人及多种动物胆汁中,亦为胆结石主要成分。乳牛及狗胆汁中含量最高,猪及人胆汁次之,牛胆汁更次之,羊、兔及禽胆汁多含胆绿素。胆红素在动物肝脏中存在形式较复杂,大都与葡萄糖醛酸结合成酯,也有与葡萄糖或木糖成酯者,游离者甚少。结合胆红素为弱酸性,溶于水,带电荷,难透过细胞膜,游离者溶于脂肪,不溶于水而易透过细胞膜。药用胆红素为游离型,其为淡橙色或深红棕色单斜晶体或粉末,加热逐渐变黑而不含水,易被过氧化脂质破坏。游离胆红素溶于二氯甲烷、氯仿、氯苯及苯等有机溶剂和稀碱溶液,微溶于乙醇,不溶于乙醚及水。其钠盐溶于水,不溶于二氯甲烷及氯仿,其钙、镁及钡盐不溶于水。下面简要介绍胆红素的生产操作工艺。

（1）钙盐制备。

取新鲜猪胆汁加入 10 倍体积 2.5% 氢氧化钙溶液,搅拌均匀,煮沸5min,捞取上层漂浮的胆红素钙盐沥干,其余溶液趁热过滤,滤液用于制备猪胆酸,收集沉淀的钙盐,合并两次胆色素钙盐,用 90℃ 去离子水充分沥洗,滤干得胆色素钙盐。

（2）酸化与提取。

上述胆红素钙盐投入 5 倍量(质量/体积)去离子水中,搅拌均匀,加钙盐量 0.5%（质量/质量)亚硫酸氢钠,搅拌下缓慢滴加 10% 盐酸调 pH至 1～2,静置 20min,用尼龙布过滤至干,再用去离子水洗至中性,得胶泥状酸化物。将其投入 5 倍量（质量／体积）去离子水中同时加 5 倍量（质量／体积）二氯甲烷（夏季用氯仿）和 0.1％亚硫酸氢钠，激烈搅拌，并用 10％盐酸调 pH 至 1～2，静置分层，放出下层二氯甲烷溶液，去离子水洗 3 次，分出下层有机相。

（3）蒸馏与精制。

上述胆红素溶液蒸馏回收二氯甲烷，残留物加胆汁量 1％乙醇，搅拌均匀，5℃放置 1h，倾去上层液，下层悬浮液过滤，收集胆红素粗品，用少量无水乙醇洗 2～3 次，乙醚洗 2 次，抽干，真空干燥得胆红素精品。

3.4.2.3　猪去氧胆酸的生产技术

本品有降低血浆胆固醇的作用，为降血脂药，同时是配制人工牛黄的重要成分。猪去氧胆酸化学名称为 3α,6α-二羟基-5β-胆烷酸，是猪胆酸（3α,6α,7α-三羟基-5β-胆烷酸）经肠道微生物催生脱氧而成，存在于猪胆中，相对分子质量为 392.6，分子式为 $C_{24}H_{40}O_4$，其结构如图 3-13 所示。

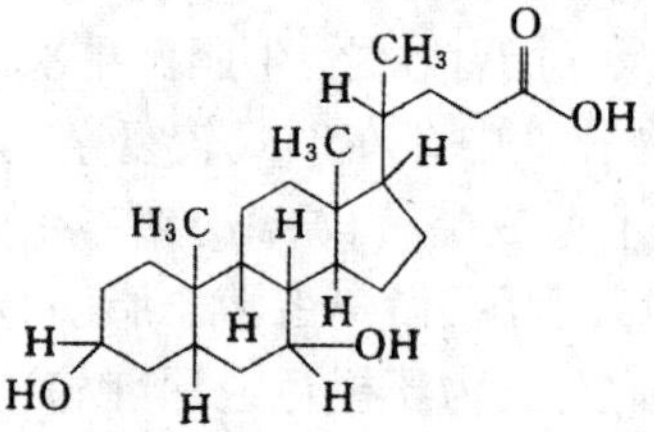

图 3-13　猪去氧胆酸

猪去氧胆酸的生产操作要点如下。

（1）猪胆汁酸制取。

猪胆汁制取胆红素后滤液加盐酸酸化至 pH 为 1～2，倾去上层液体得黄色膏状粗胆汁酸。

（2）水解与酸化。

向粗胆汁酸中加 1.5 倍（质量／质量）氢氧化钠和 9 倍体积（质量／体积）水，加热水解 16～18h，冷却后静置分层，虹吸上层淡黄色液体，沉淀物加少量水溶解后合并，用 6mol/L HCl 酸化至 pH 为 1～2，过滤，滤饼用水洗至中性，真空干燥得猪去氧胆酸粗品。

（3）精制。

上述粗品加 5 倍体积（质量／体积）醋酸乙酯，15％～20％活性炭，搅拌回流溶解，冷却，过滤，滤渣再用 3 倍体积醋酸乙酯回流，过滤。合并滤液，加 20%（体积 / 质量）无水硫酸钠脱水，过滤后，滤液浓缩至原来体积的 1/5 ～ 1/3，冷却结晶，滤取结晶并用少量醋酸乙酯洗涤，真空干燥得成品。其熔点为 160 ～ 170℃。若以醋酸重结晶，可得精品。熔点可达 195 ～ 197℃。

（4）检验。

本品熔点 190 ～ 201℃（熔程不超过 3℃）。干燥失重不超过 1.0%；灼烧残渣不超过 0.2%；含量测定法为取本品 0.5g，精密称重，加中性乙醇 30mL 溶解后，加酚酞指示剂 2 滴，用 0.1mol/L 氢氧化钠滴定即得，1mL 0.1mol/L 氢氧化钠液相当于 39.26mg 的 $C_{24}H_{40}O_4$ 计算，不得少于 98%。

3.4.2.4　人工牛黄制备技术

牛黄为名贵中药材之一，《神农本草经集注》中即已收载，其主要成分为胆红素、多种胆酸及胆固醇等，因天然牛黄来源甚少而需求甚大，为满足需求，我国自 20 世纪 50 年代以来根据天然牛黄的化学组成，采用人工方法配制牛黄，称为人工牛黄。表 3-11 为人工牛黄的配方，其中列出了各原料名称、原料的要求及所占比例。

表 3-11　人工牛黄的配方

原料名称	原料规格	比例 /（%）	原料名称	原料规格	比例 /（%）
胆红素	含量 ≥ 60%	0.70	磷酸氢钙	药用	3.00
胆酸	含量 ≥ 80%	12.5	硫酸镁	药用	1.50
α- 猪脱氧胆酸	熔点 150℃	15.00	硫酸亚铁	药用	0.50
胆固醇	熔点 140℃	2.00	淀粉	含水量 <4%	加至全量

按配方比例准备各原料，通过配料、干燥、粉碎、检验，制成人工牛黄。其操作要点如下。

（1）配料与干燥。

按配方称各原料，先将胆红素用氯仿 - 乙醇（1：3，体积比）溶液充分搅拌混匀，再依次加入各无机盐成分、淀粉、胆酸及胆固醇，充分搅拌成糊状，50℃真空干燥去氯仿和乙醇，再于 75℃干燥至含水量小于 4% 为止。

（2）粉碎。

上述干燥品加入全量 α - 猪脱氧胆酸进行球磨，过 80 ～ 100 目筛，检验包装即得成品。

（3）检验。

人工牛黄质量标准为干燥失重不超过 4%；胆酸含量应为标示量的 90%～110%；胆红素含量应为标示量的 90%～110%；其他各项指标应符合相应标准。

第4章　海洋生物及微生物资源的
开发利用技术

4.1　海洋生物资源

我国是海洋大国,数百万平方千米的海区南北纵跨热带、亚热带和温带3个气候带,海域辽阔,东连太平洋,自北而南有渤海、黄海、东海、南海四大海区,内陆水域星罗棋布,河湖沟汊众多,自然条件优越,水产资源丰富。

微生物是一种十分神奇和独特的生物,它们种类多样、数量惊人,而且无处不在、再生能力强,可以认为,微生物资源是一种非常易于获取,并且"取之不尽,用之不竭"的可再生资源。

海洋生物及微生物资源是大自然馈赠给人类的一笔宝贵财富,人类应当充分挖掘海洋生物及微生物资源的应用潜力,将其更好地进行开发利用,这不仅有助于解决人类社会所面临的一系列生存危机,更有助于进一步提高人类的生活和医疗水平。

海洋生态系统可提供大量的有机物质,还生产出大量的海藻、无脊椎动物和毒兽等。这不仅为人类提供了味美、营养丰富的副食品,成为人类蛋白质的重要来源之一,而且为某些工业生产提供了重要的原料。因此,深入认识和开发利用海洋生物资源具有重要意义。

4.1.1　海洋藻类资源

在海洋植物中,大多数种类属于藻类植物(简称"海藻")。由于它们一般含有叶绿素,能够进行光合作用制造有机物质,为其他海洋生物提供食物,因而它们是海洋生态系统中最主要的生产者,是海洋生物资源的奠基者。不仅如此,其中许多种类可直接作为人类的食物、工业原料、药物以及肥料等。所以,海藻尤其是那些个体较大的定生藻类是一种重要的生物资源,是海洋植物资源的典型代表。

4.1.1.1　海藻的种类

海藻种类繁多,形态多样,生态特性各异。全球大约 2/3 的藻类植物见于海洋中。根据它们所含的色素、形态结构和生态特性等可将藻类植物分为 11 个门,即绿藻门、褐藻门、红藻门、甲藻门、眼虫藻门、硅藻门、金藻门、黄藻门、蓝藻门、隐藻门和轮藻门。其中大部分是浮游藻类,种类极多,几乎占藻类的 99％以上。由于浮游藻类的个体小,不能被人们直接利用,能被人们直接利用的则是那些固着生长的个体较大的种类。它们主要包括褐藻、红藻、绿藻和蓝藻等这些个体大的定生藻类。由于红、褐、绿藻利用价值较高,所以一般也称为经济藻类。

4.1.1.2　海藻的主要用途

（1）食用。

海藻有很高的食用价值。现在已知有 70 多种海藻可供人类食用,其营养价值相当高。它们不仅含有许多蛋白质、脂肪和碳水化合物,而且含有 20 多种维生素,其中如维生素 B_{12} 是一般植物所没有的。我国沿海适于食用的海藻很多,常见的有 20 多种。例如,褐藻中的海带、裙带菜、昆布、鹿角菜和鹅掌菜;红藻中的紫菜、石花菜、海萝、蜈蚣藻、麒麟菜等;绿藻中的石莼、浒苔、礁膜等;蓝藻中的海雹菜等。它们有些是用于鲜食,更多的是晒成干品运往各地。

（2）工业用。

海藻中所含的多种化学物质在化学、纺织、食品加工等多种工业上有着重要用途。用褐藻提取藻朊酸盐,其主要形式是藻朊酸钙或丙二醇酯。它主要用于生产纸张、化妆品,以及纺织、金属和食品加工等工业。从海带、马尾藻中提取的褐藻胶、甘露醇、碘、氯化钾等产品在工业上有很大用途。如褐藻胶在纺织工业上作纺织物的浆料,在人造丝和人造纤维方面作整理中的浆料,作印花浆等。甘露醇可作细菌培养基,作泡沫塑料的化学合成剂,在石油工业上作破乳剂等。

（3）药用。

褐藻中的海带因含碘较多而能治疗甲状腺肿大已为人们所熟知。红藻中的海人草和鹧鸪菜是驱除小儿蛔虫的特效药。此外,树状软骨藻也有驱虫作用。藻朊酸盐在制药上用于制作药丸、软膏、牙膏等。从海带中提取的甘露醇与烟酸合成的烟酸甘露醇酯,有缓解心绞痛的作用,对气管炎、哮喘也有较好的疗效,还可治疗高胆固醇、高血压及动脉硬化症。石花菜中的多糖类硫酸脂对流行性感冒及流行性腮腺炎病毒有抵抗作用。

（4）作肥料及饲料。

因海藻体内含有很多氮、磷、钾,在农业上作肥料效果很好,对土豆、红薯、花生等作物有明显的增产效果。我国山东及福建沿海的农民常取海中的藻类植物直接散于田间,任其自行腐烂,增加土壤肥力。蓝藻中的螺旋藻,其蛋白质含量高达 60% ～ 70%,是一种很有利用前途的饲料,可用于喂牛、喂鸡等。

4.1.1.3　海藻的开发利用

开发利用海藻资源,除了研究新藻种寻找新的利用途径之外,一个重要的方面就是进行人工养殖,提高其产量。养殖的种类较多,但最普遍的是海带、紫菜、裙带菜等。我国在海带养殖业中,已有一套成熟的科学方法,并培育出了高产、高碘的新品种,实现了海带南移。

海藻的养殖方式主要有两种。一种是筏式养殖,即在天然的海区、港湾,让海藻生长在网、绳索或竿上。另一种是在流动海水槽内大规模养殖。如美国把大规模养殖角叉菜作为废水再循环海水养殖系统的一部分,利用二级处理废水和海水混合,以养殖单细胞海藻,再用这些单细胞海藻饲养牡蛎、文蛤和其他双壳类软体动物。

巨藻是一种很重要的养殖对象。它是一种大型褐藻,一般长达数十米,长的可达百米,重 180kg。在其生长繁茂的地方,有时几百平方千米的海面都被其叶覆盖,大片巨藻犹如海中森林,也为许多经济鱼、贝提供了好的栖息场所。这种大型海藻的生产力是非常高的,每年碳的净生产力可达 1000 ～ 2000g/m²,简直可以和陆地上的热带雨林相比拟。

4.1.2　海洋主要无脊椎动物资源

生活在海洋中的无脊椎动物种类相当繁多,约有 16 万种,海洋无脊椎动物资源主要包括以下几类。

4.1.2.1　头足类

头足类主要指乌贼、章鱼、短蛸等一类动物,因其头部有很多起手和足作用的腕手,故而得名。全球头足类大约有 500 种,但各地大规模捕捞的仅有10～30种。我国北方黄海、东海是以日本枪乌贼和火枪乌贼为主，南方以曼氏无针乌贼为主。乌贼又称墨鱼，在我国也有家鱼之称，与大黄鱼、小黄鱼、带鱼并列为我国的四大渔产。头足类肉质肥厚而细嫩，富含蛋白质，自古以来为人们所食用。此外，头足类还可作药用及其他一些用途。如乌贼入药可治胃病、止血和皮肤病等多种疾病。头足类大部分未充分开发利用，具有很大的潜在开发利用前景。

4.1.2.2 贝类

贝类是指软体动物中瓣鳃纲和腹足纲的种类，它们的体外都有美丽而坚实的贝壳，故称贝类。其中瓣鳃纲的种类具有对称的两片瓣状贝壳，故也称其为双壳类，腹足纲的种类大多具有一个螺旋状的外壳。常见的双壳类有牡蛎、贻贝、扇贝、蛤、蚶、砗磲、珍珠贝等。其中牡蛎、贻贝、扇贝占该类渔获量的90%。腹足类中常见的有鲍鱼、红螺、海兔等。

贝类的用途也很广泛。虽然它的可食部分比例较小，为20%～50%，但肉质细嫩，营养丰富。如牡蛎肉的干制品为蚝干，还可以制造蚝油，是名贵的调味料。许多种类可作药用。鲍鱼壳在中药中称为石决明，有平肝明目之效，主治肝风眩晕、青盲内障等症。砗磲壳有镇静、安神、解毒的功能。富含碳酸钙的贝壳也有很大的利用价值，在古代曾被做成刀、铲、斧等工具。色彩美丽、数量很少的某些贝壳还曾作为货币使用。

4.1.2.3 甲壳类

海洋里的甲壳类动物经济价值较大，已被开发利用的种类主要是虾类和蟹类。虾、蟹的可食部分占20%～70%，营养丰富，味道鲜美，既可鲜食也可制成干品。除食用外，还可药用。如有的蟹内脏和肉能治跌打损伤，其壳能治腹痛积聚、筋骨折伤等病。捕虾是经济价值最高的一种渔业，世界上捕虾的国家有七八十个，但主要产虾国家是美国、印度、印尼、泰国、日本、巴西和墨西哥等，其中美国不仅是产量最高的国家，也是世界上最大的虾消费国。虾类中产量最高的属对虾。蟹类也是著名的海味，它的种类很多，仅我国就有600种，绝大部分属海洋种类。我国海域中的甲壳类资源非常丰富，仅南海就有200种以上，常出现的至少有10种。

4.1.2.4 海参与海蜇

海参属棘皮动物类，海蜇属腔肠动物类，其中海参的价值最高。在医药上有延缓溢血、治外伤出血、止痛及催乳的功能，提取的海参素有抗癌作用。

海蜇又名水母,系一年生动物,在世界各海洋里都有,种类虽多,但经济价值较大的我国有 4 种,如北方沿海常见的有海蜇、面蜇、沙蜇 3 种,南海的黄斑海蜇。海蜇可加工成蜇皮和蜇头,可供食用,营养价值也很高。同时有药用价值,治疗高血压、妇人劳损等多种疾病。

4.1.3　海洋脊椎动物资源

4.1.3.1　海洋鱼类资源

海洋鱼类资源是海洋生物资源的主体,在海洋中极为丰富,是人类直接食用的动物性蛋白质的主要来源之一。在全世界的鱼类年产量中,海洋鱼类占 87% 以上,远远大于淡水鱼的产量。

全世界范围内鱼的种类近 30 000 种,其中海洋鱼类大约 20 000 种,我国海域中约有 2000 种。有些种类数量很少,真正成为捕捞对象的约有 200 种,其中产量高的为鲱科鱼类(鲱鱼、沙丁鱼)、鳕科鱼类(鳕鱼、黑线鳕、牙鳕、狗鳕)、鳀科鱼类(秘鲁鳀等)、鲭科鱼类(鲭)、金枪鱼科(金枪鱼等)、鲽科鱼类(鲽鱼、星鲽、鳎鱼)等。

海洋鱼类是优质蛋白质、重要矿物质和主要 B 族维生素的最好来源,具有很高的营养价值。据分析,它含蛋白质 10%～30%,其中包含了人体必需的 8 种氨基酸,还有易被吸收的脂肪和钙、磷等重要矿物质。

鱼类除了食用之外,还是重要的工业原料,几乎全身都有用。鱼鳞可以制成鱼鳞胶、盐酸、尿素、磷酸钙、鄰光粉等,其中鱼鳞胶是电影胶卷的重要原料。带鱼的鳞可制成咖啡因,是多种药品的原料。鱼皮可熬胶,作木材加工的黏结剂。鱼的尾和鳍也可制胶。鱼的头、骨及其他废弃物可加工成鱼粉,用作家畜的饲料和农业肥料。鱼油可以制造肥皂和润滑油,并用以鞣制皮革。鱼肝营养丰富,鲨鱼、黄鱼、鳕鱼、鲽鱼等的肝脏可制取鱼肝油、提取维生素 A 和维生素 D。

4.1.3.2　其他海洋脊椎动物资源

(1)海龟。

海龟类属于爬行动物,是珍贵的海洋生物。龟的全身都有很高的利用价值。它的肉营养丰富,味道鲜美,是上等食品。龟甲制成的龟胶板是高级营养补剂,滋阴壮阳,能治疗多种疾病。龟掌有润肺、健胃、补肾、明目之功效。龟油、龟血可治疗哮喘和气管炎。玳瑁的背甲是名贵中药,有清热、解毒的作用,还可制作工艺品等。另外,海龟航海万里不迷途的本领在仿生科学研究中有重要的意义。

（2）海鸟。

海鸟的种类很多,全世界大约有 350 种。有的除生殖期外可常年不着陆,以海为家,称其为大洋性鸟类,如信天翁、海燕等。较多的种类则是以距岸 40 海里以内的沿岸为生活圈的鸟,如海鸥、鹈鹕、鸬鹚、鲣鸟、军舰鸟等。

有些地方海鸟群非常密集,在那里鸟卵甚多,这些鸟卵可以食用。大多数鸟类以鱼虾为食,所以密集的鸟群对渔业是一种危害。海鸟栖息处会铺盖一层厚厚的鸟粪,这是极好的天然肥料,含磷量高达 20%。有些海鸟如绵凫,毛柔软而保暖,用来作绒衣被非常好。

4.2　海洋生物资源的利用和保护

4.2.1　加强海洋环境保护

生活在海洋中的各种生物,都栖息在一定的海域内,要求一定的环境条件。所谓环境条件一般包括非生物环境和生物环境两个方面,前者主要指水温、盐度、溶解氧、光照、海流等与生物的新陈代谢直接有关的水质物理条件,而后者主要指饵料生物、竞争对手和敌害等。生物与环境的关系极为密切,受环境的影响很大,尤其是鱼、虾、贝等海洋动物的发育早期受海洋环境的影响最大。随着工业的不断发展,每年产生大量的废物排入海洋中,或因生产过程中使某些天然物质大量泄入海水中而使海洋生态环境遭到不同程度的污染,对海洋生物资源造成很大的危害。

保护好海洋生态环境,防止人为的破坏,尤其是防止或减少污染,是永久利用海洋生物资源的前提条件。特别是要保护好鱼类的产卵区与育幼区的生态环境,对维持多种经济鱼类的生命循环具有重要的意义。因为它们的发育早期对环境的变化特别敏感,最易受到环境的影响,而且这些生境区常常位于江湾河口区,易受河流上游工业区所产生的废物污染。

4.2.2　合理捕捞

海洋生物资源都具有自身的繁殖—发育—生长—成熟—繁殖的无限

循环规律,不断增长新的部分,以弥补由于死亡而减少的部分,使群体数量保持与生活环境动态平衡。但是,这种调节适应能力是有一定限度的,超过一定限度便不能适应,数量逐渐减少,甚至会绝灭。

为了保护渔业资源,使它为人类提供取之不尽的水产品,除了加强海洋环境保护,尽量预防和消除污染之外,一个很重要的方面就是合理捕捞,做到既要使鱼、虾产量达到最高限度,又要使鱼类资源有所增长。当每年最高捕捞的数量使该鱼的资源保持稳定,既不增加也不减少时,这个量就叫最高持久渔获量,也就是合理的捕捞数量。

要达到最高持久渔获量,正确捕捞一定年龄组的鱼是重要的一环。幼年、青年、老年不同年龄组的鱼其生育能力和生长速度都不相同,幼年和青年鱼个体小但生长速度快,具有很大的潜力。若过多捕捞这些年龄组的鱼,不仅因个体小而产量低,而且是对资源的浪费,长期下去就会造成资源的枯竭,这是因为切断了产卵鱼的补给来源。老龄鱼个体大,基本停止了生长,年老体衰对繁殖后代不利。因此,捕捞老龄鱼和大鱼对维持最高渔获量是有利的,而捕捞幼鱼和青年鱼(小鱼)是不利的。为此,不少国家为了保护渔业资源不仅规定了捕捞的数量,而且规定了兼捞幼鱼的定额,用网具的网眼大小来控制捕捞鱼类个体的大小。

4.2.3　发展海产养殖业

现在世界上许多国家除积极开发海洋捕捞渔业外,已大力注意对本国沿海和专属经济区的科学改造利用,应用现代科学技术采取人工控制的办法,发展鱼、虾、贝、藻的人工养殖事业,以期达到稳产高产的目的。人们认为这是今后渔业的一条根本出路,也是最有效的战略措施。

海水养殖业的发展有三个基本方向:①进行人工繁殖,生产健壮的海水养殖苗种,这是一切海水养殖的基础。②采捕天然种苗或从人工繁殖场引进苗种放养成体。有些养殖场靠天然饵料饲养成体,例如,在潟湖中养殖贝类、藻类和某些鱼类;另一些养殖场用人工饵料饲养,如鲑鳟鱼类和鳀鱼的网箱养殖,大菱鲆、鲳、鲹、鲷、鲽、鳎、对虾、大鳌虾等的水池养殖和池塘养殖。③人工培育亲体,进行全人工繁殖。这是对养殖对象的整个生活周期进行养殖的全人工养殖,这是一个很有发展前途的方向。

4.3 微生物资源开发利用的一般程序

微生物资源的应用潜力是巨大的,而微生物资源开发利用的内涵又是无限丰富的。开发的主要内容是微生物遗传资源的分离、筛选和鉴定等工作,以及该微生物及其生物质的相关应用研究和产业化开发。而利用的主要内容,则是将微生物遗传资源或微生物生物质作为生产要素或某种工具,通过一定的工艺和技术方法最终生产出有应用和商业价值的产品。

4.3.1 微生物资源开发的一般程序

对微生物资源进行开发的过程,实际上是一种"科学研究 + 商业开发"的过程,其最终目标是实现微生物资源的生产化、应用化乃至产业化。

微生物资源开发的过程,主要涉及具备生物遗传功能的微生物种(或种以下单位)的分离、筛选和鉴定等工作,以及该微生物、微生物有机体及其成分、代谢产物、排泄物、伴生物或衍生物等的相关应用研究和商业化开发等工作。

微生物资源开发的一般程序见图 4-1。

4.3.1.1 总体设计

开发工作是把抽象的概念最终转化为具体的产品的过程。这一切的实现,必须有科学、可行和具体的总体设计作为行动前提和指南。

微生物资源开发是一种借助科研技术方法而进行的以市场为核心的商业活动。在进行总体设计时,应将市场机会、目标市场潜力、投资需求、风险、同类型或用途类似的产品的优缺点、产品竞争力、前期工作基础、技术可行性、生产能力、收益性、国家政策法规等一系列信息综合起来进行分析,从而明确开发目的,提出产品概念,进行产品初步设计和拟定产品开发框架等,并最终形成详细、具体的开发方案。而在最终决定之前,还可预先进行小规模的试验和调查,以对某些观点和方法进行验证和修正。

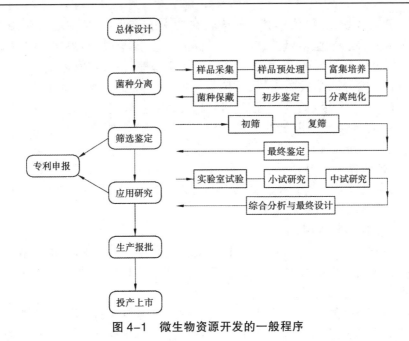

图 4-1　微生物资源开发的一般程序

4.3.1.2　菌种分离

在微生物资源开发过程中,菌种的分离不仅是源头性工作,更是核心的环节。菌种分离,就是依据开发目的和产品设计,找寻和获取能满足生产或应用所需的目标菌种,并使其成为在遗传水平上稳定的菌种资源。

（1）样品采集。

样品采集是指从自然或社会环境中采集可能含有目标菌种的样品的过程。关于在目标菌种分离时,环境样品的选择与采集,可酌情采取如下策略:

1）在富含微生物目标作用对象的环境中进行采样。这主要适用于如微生物酶制剂、微生物发酵剂、益生素、微生物肥料、微生物杀虫剂、降解污染物菌剂和细菌冶金菌剂等产品的生产菌的采样。因为这类产品中的微生物或其代谢物,往往具有比较明显和特定的作用对象,在富含这些特定作用对象的环境中,如果有目标菌种存在,其势必在以这些可作用对象为选择压力的长期自然选择下,会成为该环境中的优势菌群,故能较容易地从此类环境中采集到含有目标菌种的样品。

2）依据微生物的生物学特性进行采样。这主要适用于已掌握了目标菌种一定的分类信息和生物学特性的情况。而生物学特性,则包括生态、营养、代谢、生长和致病等特性。

分离放线菌,可依据其喜好生长在含水量较低、有机物较丰富、碳氮比相对较高、pH 呈微碱性、含氧量较高的表层土壤中的生态特性,进行采样分离;欲分离厌氧菌,可依据其厌氧代谢特性,在厌氧的环境下进行采样分离;欲分离嗜极微生物,可依据其偏好生长在各种极端环境下的生长特性,在各种极热、极寒、强酸、强碱、高盐或强辐射等环境下进行采样。

3)在人类较少涉足的环境下进行采样。这主要适用于分离新化合物或新功能活性物质的产生菌。近年来,已有许多研究表明,从热带地区、海洋、植物体内、湖底污泥等人类较少涉足的环境中,以及从各种极端环境下,大都能分离到新化合物或新功能活性物质的产生菌,因此,应尝试从这些环境中采样进行分离。

(2)样品预处理。

在样品采集完成后,为防止目标菌种在运输过程中失活,应采取有效的措施来暂时保藏菌株。一般而言,将样品置于低温、避光和厌氧等条件下保藏是十分必要的。

关于样品的预处理,为利于开展后续的富集与分离工作,对于非液体形式的样品,可用适量缓冲液将微生物从样品中洗脱出来,并收集为液体形式,即匀质处理。而样品中的大颗粒杂质,可通过过滤或低速离心等处理方式去除掉。

(3)富集培养。

在进行菌种分离时,往往面临这样的事实:一是样品中通常混杂有大量杂菌;二是目标菌种的数量通常较低。这显然不利于目标菌种的高效分离。因此,在对样品进行分离培养之前,先进行富集培养,使目标菌种成为样品中的优势菌群,则可大大提高菌种分离的成功率。

富集培养又称为加富性选择培养,是指对目标菌种进行"投其所好"的培养,具体为:将样品置于适于目标菌种而不适于其他微生物生长的条件下进行培养,最终使目标菌种被快速扩增并成为混菌培养物中的优势菌种(见图 4-2)。

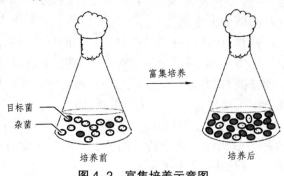

图 4-2　富集培养示意图

（4）分离纯化。

1）通过抑制性选择和鉴别性培养进行分离纯化。在之前对样品进行富集培养时,尽管能直接提高目标菌种的数量,并能间接地减少杂菌的数量,但仍达不到彻底去除杂菌的效果。因此,在富集培养之后,应采用选择强度更高的抑制性选择培养法来对目标菌种进行分离纯化。

抑制性选择培养是指对混杂于目标菌种中的杂菌进行"投其所恶"的培养,具体为:将样品置于不适于杂菌生长而又不影响目标菌种生长的条件下进行培养,最终使杂菌生长受抑制或直接被致死,理论上仅有目标菌种存活(见图4-3),从而可收获较为纯种的目标菌。

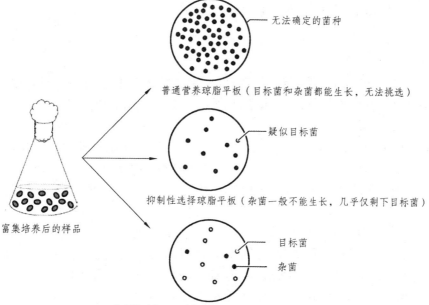

图 4-3　抑制性选择培养与鉴别性培养的联用效果示意图

2）菌种驯化培养。菌种驯化或菌种驯养,是指通过人工措施使微生物逐步适应某一条件,从而可实现定向选育和获取目标菌群的一种方法。通常,在采集到拟含目标菌群的样品后,可以将目标菌群的目标作用对象作为选择压力,对样品进行驯化培养,从而获得有效力的目标菌群。

（5）初步鉴定。

在菌种分离阶段,由于分离到的菌株可能有十几株甚至上千株,为节省资源并提高整体开发的工作效率,仅仅开展初步鉴定即可。

可依据目标菌种的主要生产性状(而不完全是鉴定指标),对所分离菌株的纯培养物进行测定。例如,若目标菌的主要生产性状是分泌抗生素,则可通过简便的方法,快速测定所分离菌株是否具备此性状。

(6)菌种保藏。

所谓菌种保藏,就是通过科学合理的方法,使菌种"不死、不衰、不乱、不污染",特别是要保持其原有的生物学性状、生产性能的稳定。

开展菌种保藏工作要遵循如下原则:①选用性能优良、有应用价值或具有生物学研究意义的菌株进行保藏;②人工创造条件,在防止微生物死亡的基础上,抑制微生物的生长、代谢活动,以防止其变异;③如有条件,应选用菌种的孢子或芽孢等代谢活动水平较低、环境抗逆性强,但又具有繁殖潜力的构造进行保藏。

4.3.1.3 筛选鉴定

所谓菌种筛选,就是对分离获得的纯培养菌株进行生产相关性能的测定,从中挑选出性能优秀、符合生产要求、安全性高的菌株。

(1)初筛。

初筛是一种相对"粗放"的筛选,是对所有分离株仅进行最主要生产性能的测定,进而从中挑选出 10%~20%的潜在优良菌株。

利用和创造一种"形态—生理—性能"之间三位一体的筛选指标。因为形态性状是最方便测定的,其通过观察甚至是肉眼观察就可以完成。

例如,利用鉴别性培养的原理,就可以有效地把原先肉眼无法观察的生理性状和性能形状(包括质量和产量性状)转化为肉眼可见的形态性状。例如,利用鉴别性琼脂平板,仅通过观察和测定某分离株菌落周围蛋白酶水解圈的大小、淀粉酶变色圈(用碘液显色)的大小(见图4-4)、氨基酸显色圈的大小、柠檬酸变色圈的大小、抗生素抑菌圈的大小(见图4-4)、指示菌生长圈的大小(测定生长因子产生)或纤维素酶水解圈(用刚果红染色)的大小,就可分别判断出这些不同类型分离株的优良与否。

(2)复筛。

复筛是一种全面而又精细的筛选,是对初筛后的分离株进行一系列主要和次要生产性能以及安全性的测定,最终从中挑选出 1~5 株具有应用或商业价值的优良菌株。

科学的复筛,首先,要对分离株的主要生产性能进行严格、精确的测试。这必须进行大量设置有平行样品和重复试验的培养、分离、分析、测定和统计等工作。其次,也要兼顾次要生产性能。尤其如菌体的生长繁殖能力、廉价营养原料的耐受能力、环境抗逆性等性状。最后,一定要进行安全性能的筛选,这不仅关系到生产者的人身安全问题,更关系到消费者的人身安全以及生态环境的安全。

筛选出的优秀菌种一定要妥善保藏,待最终鉴定后,应及时进行专利的申请以获得知识产权保护。

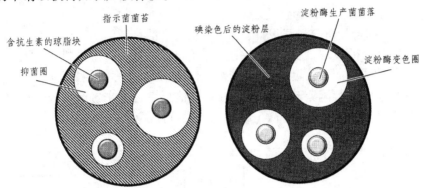

图 4-4　"抑菌圈"（左）与"变色圈"（右）（抑菌圈或变色圈直径越大,表明性状越优良）

（3）最终鉴定。

最终鉴定是指在完成菌种筛选后,对具有应用或商业价值的优良菌种或其目标代谢物等进行一系列必要的鉴定。

所谓必要,是指在进行专利申报或生产许可证申请时,都需要提供必要的菌种分类学信息或代谢物理化性质、结构、作用机制等信息。

4.3.1.4　应用研究

在经过筛选而获得优良菌种后,便可着手进行一系列应用研究。应用研究是一种针对特定的应用目的而开展的科学研究。

（1）实验室试验。

在微生物资源开发中,实验室试验的主要任务,除了开展必要的科学研究外,便是依据之前的总体设计,研究并确定:①产品生产的主要原理;②生产过程的核心环节;③生产时需应用的生化反应、微生物生命活动、化工反应等。并最终对试验产品的性能进行评价和研究,为日后产品设计和工艺设计奠定基础。

（2）小试研究。

所谓小试研究,就是根据上述实验室试验的结果,在实验室或小试车间内进行放大生产试验（通常放大 10 ~ 100 倍）。

在进行小试时,一定要先设计出概念性的生产工艺,充分考虑工艺的合理性、经济性、可操作性和可控制性等各个方面,并且在拟定好工艺流程后,对工艺参数和工艺配方等进行确定。

（3）中试研究。

中试研究是产品正式投产前所进行的生产试验。其是科技成果最终转化为生产力的必要环节。中试研究的主要内容,便是生产工艺设计和中试产品性能的评价与优化。

（4）综合分析与最终设计。

综合分析规划,就是要再一次结合已有的基础,将市场机会、目标市场潜力、投资需求、风险、同类型产品优缺点、产品竞争力、技术可行性、生产能力、收益性、国家政策法规等一系列信息综合起来进行分析,并制定日后的规划(见图4-5)。微生物资源开发＝产品研发＋产品开发。

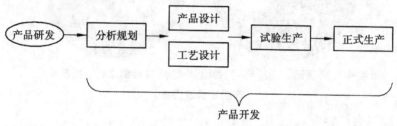

图4-5 微生物资源开发的宏观过程

产品设计是指以满足消费者使用需求为第一要务,以满足生产者经济效益为最终目的而对产品用途、功能、理念、结构和外观等进行确定的过程。

产品设计的一般步骤:

市场研究→分析策划→概念提出→各项设计→试验验证→最终确定

4.3.1.5 专利申请

微生物资源开发本就是一项具有创造性的活动,因此,在此过程中可能会获得新的菌种或化合物,发明创造出新的技术方法、生产工艺、产品配方、产品外观等。这些都是极有可能创造出巨大经济效益的知识,理应申请专利以获得法律保护。

4.3.1.6 生产报批

生产许可证是国家对于具备某种产品的生产条件并能保证产品质量的企业,依法授予的、许可生产该项产品的凭证。

在获取生产许可证等必要生产资格证明,并办理好一切经营手续后,便可进行生产试运行。生产试运行时,要在生产实践中对生产工艺、管控及协调机制以及产品性能等不断进行评价和优化。一切已顺利完成,便可正式投产上市。

4.3.2　微生物资源利用的一般程序

对微生物资源进行利用的过程,包含了对微生物进行培养、发酵、产物分离和产物应用等过程。那么,无论微生物资源以何种目的、形式和方法被利用,微生物资源利用的一般程序如图 4-6 所示。

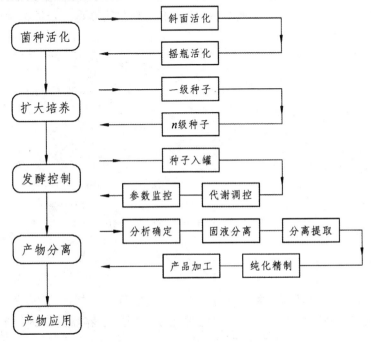

图 4-6　微生物资源利用的一般程序

4.3.2.1　菌种活化

菌种活化是将待使用的菌种先用小型培养器具进行小规模活化培养的过程。其一般在实验室内完成,主要目的是使被长期保藏过后的生产菌种恢复活力和生产性能。

菌种一般是通过冷冻进行保藏,将其取出后,可先进行斜面菌种活化培养(见图 4-7)。一般而言,在进行斜面培养时,细菌多采用碳氮比较低的培养基,有机氮源常用牛肉膏、蛋白胨或酵母细胞浸提物等;培养温度多为 37℃,也有部分为 28℃;培养时间一般为 1 ～ 2d,但产芽孢细菌则可能需要培养 5 ～ 10d。

待进行斜面活化培养后,可根据菌种的生物学特性,进行第二代斜面培养或进行摇瓶(液体)培养。一般而言,对于产孢子且产孢子能力较强的微生物(如霉菌等),可采取二代斜面培养的方式来收获大量孢子(见图 4-7),并以此孢子作为种子,进行后续的扩大培养。这种方式的优点是操作简便、不易污染杂菌。

对于不产孢子或产孢子能力不强的微生物(如细菌、酵母菌和放线菌等),可采用摇瓶液体培养的方式(见图 4-7)以达到快速扩繁菌体的目的。这种方式的优点是扩增效果好,但不易判断培养物是否被杂菌污染。

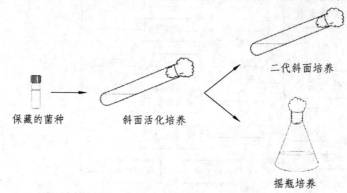

图 4-7　菌种活化培养示意图

4.3.2.2　扩大培养

菌种的扩大培养也称为种子的制备,或发酵剂的制备,是指在正式的发酵生产之前,将预先活化过的菌种在较大型的培养器具内进行大规模培养,以获取大量高活力菌种的过程。

菌种的扩大培养,由于规模与工艺的要求,应在生产车间内完成。可将活化培养后的菌种(见图 4-7)直接接入大型的培养器具内进行扩大培养。此阶段的培养,所采用的培养器具一般称为种子罐或增殖罐(见图 4-8)。

4.3.2.3　发酵控制

(1)发酵的场所。

发酵罐是进行液态深层发酵生产的专门场所(见图 4-9)。根据微生物对氧气的偏好,可分为好氧型和厌氧型发酵罐。

(2)发酵过程的监测及控制。

发酵过程的实质,是微生物(生产者)利用培养基(生产原料)进行新陈代谢和生长繁殖活动(生产),并最终产生代谢产物、酶、菌体或发酵物(产品)等的过程。

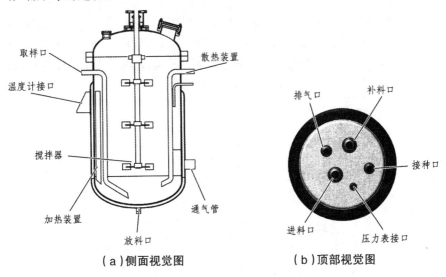

(a)侧面视觉图　　　　(b)顶部视觉图

图 4-8　种子罐结构示意图

在完成了菌种的扩大培养,以及通过人为调控确立了菌种的代谢方向后,便可将菌种投入发酵罐内进行发酵。此时,只需时时监控发酵过程中各种参数的变化,并采取有针对性的措施对其进行控制。

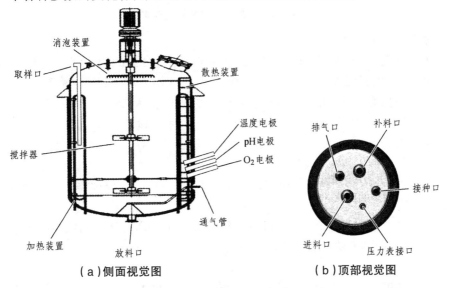

(a)侧面视觉图　　　　(b)顶部视觉图

图 4-9　发酵罐结构示意图

4.3.2.4 产物分离

发酵的结束并不意味着微生物资源利用的完结,分离和纯化才是最终获得产品的关键环节。如何对目标产物进行有效的分离尤为重要。

因生产目的、生产菌种、产物类别等的不同,发酵产物的分离过程和方法有所不同,但其一般程序如图 4-10 所示。

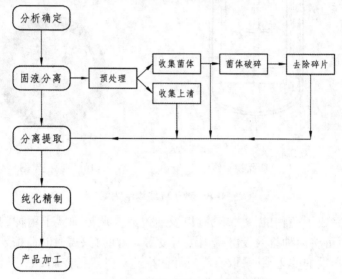

图 4-10 产物分离的一般程序

(1)分析确定。

首先,需要确定生产目的。这主要包括:①产品的用途(农用、工用、食用、药用或保健用等);②微生物产品的类型(菌体类、代谢物类、酶类或发酵物类等);③产品的预期性能(功能和质量);④市场定位;等等。

其次,要确定目标发酵产物的性质。这主要包括:①来源(是胞外还是胞内物质);②水溶性;③其他理化性质(酸碱性、pK 值和 pI 值、沸点、沉淀反应性质等);④稳定性;等等。

最后,还要对发酵液中目标产物的浓度、杂质的主要种类和性质等进行确定。

将上述信息进行综合分析后,便可设计出分离方案,选择科学合理、经济、简便的方法对目标产物进行分离。

(2)固液分离。

在进行固液分离前,可采取适当的方法(如加热、调节 pH、活性炭脱色、絮凝剂絮凝等)对发酵液进行预处理,以改善发酵液的处理性能,提升后续分离的效果。

随后,便可采取离心或过滤的方法,实现固、液两相的分离。目标产物若不在固相,则必然在液相;反之,亦然。

（3）分离提取。

分离提取是指除去与目标产物性质差异很大的杂质的过程,以实现目标产物的浓缩。常用的分离方法有沉淀、吸附、萃取和超滤等。相对而言,此部分的工作容易进行,但应采用温和的方式,避免对目标产物造成破坏。此外,还应避免带入新的杂质。

（4）纯化精制。

纯化精制是除去与目标产物性质相近的杂质的过程。这也是整个产物分离工作中最为艰巨的任务,此项工作的成败将直接影响最终产品的性能和价值。通常采用对目标产物有高度选择性的分离技术,如层析、电泳、离子交换等方法。

（5）产品加工。

产品加工是以精制后的目标产物为原料,依据产品设计和国家相关法规、标准等对产品进行生产的过程。

4.4　微生物资源开发利用的关键技术

从事微生物资源开发利用,不仅需要具备扎实的微生物学理论基础,还应掌握各种与开发利用相关的关键技术。唯有如此,才能真正将理论转化为实际。

4.4.1　无菌操作

无菌操作就是在无菌的环境下,利用无菌的器具和设备,并在始终采取一切防止杂菌污染和人员感染的措施下所进行的一系列微生物学操作。

进行无菌操作有 4 项最基本要求:

1）保证操作环境、器具和设备的无菌。

2）始终具有防范杂菌污染的意识,并采取相应的措施进行污染防控。

3）始终具有防范病菌感染的意识,并采取相应的措施进行感染防控。

4）一系列必要、规范的操作。

4.4.2　消毒与灭菌

开展绝大多数微生物学工作,不仅要求在无菌的环境下进行,还要求对相关材料、器皿、培养基和器具等进行严格的消毒或灭菌处理,方可使用。

4.4.2.1　发酵培养基的灭菌

生产中所使用的培养基,不仅量大,而且要保障其在运输中不受污染,难度较大。故不同于实验室灭菌方法,生产中培养基的灭菌常用分批灭菌和连续灭菌的方法。

分批灭菌是指带罐灭菌,即将配置好的培养基输送至种子罐或发酵罐后,连同这些设备一起进行灭菌。而连续灭菌是指不带罐灭菌,即将培养基在入罐前先经过专业设备灭菌并冷却后,再连续不断地输送至种子罐或发酵罐内。

4.4.2.2　空气的除菌

不同菌种、不同生产目的,对空气洁净度的要求不同,灭菌的方法也不同。但一般均以小于 10^{-3} 的染菌概率作为空气灭菌的标准,进行方法的选择。适用于发酵生产中对大量空气进行灭菌或除菌的方法常有以下3种:

(1)加热灭菌。

空气在进入发酵体系前,可用压缩机压缩,提高压力,进而达到升温的目的。

(2)静电除菌。

利用静电引力来吸附空气中的带电粒子而达到除尘、灭菌的目的。

(3)过滤除菌。

让空气通过特定过滤介质,以滤除空气中所含有的微生物,从而获得无菌空气。

4.4.2.3　生产车间消毒

对于空间较大、比较开放的生产车间环境,一般做到消毒即可。而消毒的方法,主要是利用紫外线和各种化学消毒剂。

4.4.3 菌种培养

菌种培养是微生物四大核心技术中最重要的技术,上述无菌操作与灭菌,均是为菌种培养做准备的。

4.4.3.1 接种培养

所谓接种,实际上就是给微生物"搬家"——把微生物从一种培养基质中转移到另一种培养基质中的过程。

（1）接种的方法。

根据接种目的、培养基质的不同,接种的方法可主要分为以下几种。

1）斜面划线法,是指通过使用接种环不断连续划 "Z" 线的方式,将菌种接种至试管斜面培养基上的一种接种方法。常用于菌种的活化培养以及菌种的短期保藏。

2）液体接种法,是指先使用接种环挑取单菌落或使用移液器吸取菌悬液,再将它们接种至液体培养基中的一种接种方法。其是进行富集培养和摇瓶活化培养时,最常使用的方法。

3）涂布接种法,是指先使用移液器吸取菌悬液,再将菌悬液滴加在平板培养基表面,并用涂布棒涂布均匀的一种接种方法。其是进行平板菌落计数时最常使用的方法。

4）三点接种法,是指使用接种针蘸取孢子后,在平板培养基上点 3个位置如同等边三角形三个顶点的接种点的一种接种方法。该方法主要用于观察和鉴定霉菌的菌落。

5）穿刺接种法,是指使用接种针蘸取单菌落后,穿刺扎入半固体试管培养基中的一种接种方法。该方法主要用于观察和鉴定细菌的运动性。

6）双层平板法,是指将噬菌体与其宿主、适量半固体培养基混合后,一起浇筑、平铺于平板培养基表面的接种方法。其主要用于噬菌斑的观察,以及噬菌体的分离和效价测定。

7）工业接种法,如微孔接种法、火焰接种法和压差法接种等。此类方法主要用于发酵生产中。

（2）接种器具。

在接种时,实验室常用的接种器具有接种环、接种针、涂布棒和移液器等（见图 4-11）。

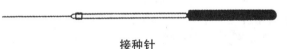

接种针

接种环

涂布棒

图4-11　实验室常用的接种器具

4.4.3.2　分离培养、选择性培养和鉴别性培养

（1）分离培养。

分离培养是将不同微生物个体通过一定方法分散或分离开来,并在相对独立的区域进行培养的一种培养方法。

1）液体稀释涂布法。液体稀释涂布法是利用缓冲液先将培养物进行适当稀释,再将其接种至平板培养基上,并在涂布均匀后进行培养(见图4-12)。

如果稀释得当,不仅可将微生物个体或细胞分开,还能使其经过培养后在平板上长出各自所形成的孤立菌落,进而可通过肉眼观察,挑选出不同的单菌落以实现微生物个体的分离。

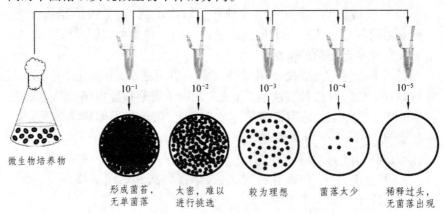

微生物培养物

| 10^{-1} | 10^{-2} | 10^{-3} | 10^{-4} | 10^{-5} |

形成菌苔,无单菌落　太密,难以进行挑选　较为理想　菌落太少　稀释过头,无菌落出现

图4-12　液体稀释涂布分离培养法的过程示意图

2）平板划线法。平板划线法是使用接种环进行单次取样后,再将培养物以不断连续划"Z"线的方式接种至平板培养基上,随后进行培养的一种分离培养方法。

（2）选择性培养与鉴别性培养。

选择性或鉴别性培养,都是以上述分离培养为基础的,其同样采用了细胞稀释和分散的原理,只不过在进行培养时采取了一系列更有针对性的控制原理,从而可将目标菌从杂菌中分离出来。

选择性培养因培养目的不同,又可分为加富性选择培养和抑制性选择培养。前者是为了提高目标菌的数量,后者则是为了抑制杂菌的数量。

加富性选择培养也叫富集培养,是指对目标菌进行"投其所好"地培养,即将样品置于适于目标菌而不适于其他菌生长的条件下进行培养,使目标菌被快速扩增并成为混合培养物中的优势菌种(见图 4-2),最终有利于将目标菌分离出。抑制性选择培养是指对混杂于目标菌中的杂菌进行"投其所恶"地培养,即将样品置于不适于杂菌而又不影响目标菌生长的条件下进行培养,使杂菌生长受抑制或直接被致死,理论上仅有目标菌存活(见图 4-3)。

而鉴别性培养是指利用目标菌与杂菌的代谢方式差异,对样品中的微生物进行染色培养,即在培养基中加入特殊的营养物与特定的显色剂,使经过培养后的目标菌的菌落被染上特定的颜色,从而只用肉眼观察就能方便地鉴别并挑选出目标菌(见图 4-3)。

4.4.3.3　厌氧培养

要保障厌氧环境,主要有以下原理。

1)对氧气进行"消耗",如利用焦性没食子酸与 KOH 溶液、碱性邻苯三酚、黄磷、金属铬和稀硫酸等试剂进行化学除氧,或在培养基中加入还原剂(如 0.1% 的巯基乙酸钠盐、0.01% 的硫化钠和维生素 C 等)等。

2)对氧气进行"驱逐",如利用氮气、二氧化碳、氢气、氩气等气体将空气中氧气排出,或通过煮沸将培养基中的溶解氧排出等。

3)对氧气进行"隔绝",如采取密闭式的发酵罐或种子罐,全封闭的器皿、仪器或设备,或加入矿物油密封等。

4.5　微生物对污染物的降解和转化

利用微生物方法对污染物进行治理,主要涉及微生物对污染物的吸附、转化或降解等。

1)吸附,是指微生物将污染物吸附并固定于细胞中。但这并不能从根本上将污染物消除,仅能减少污染物在环境中的暴露和可能引起的危害。一般利用微生物吸收和富集污染物后,需配合其他方法才能将污染物清除。

2)转化,是指微生物通过自身代谢和一系列生化反应,将污染物从有毒性的形式转化为无毒或低毒的形式。为了与降解相区别,其一般是指污染物分子不发生碳链的断裂及碳原子数目的明显减少的一种生物转化作用。转化同样不能将污染物从环境中彻底清除,但能大大减少污染物所造成的危害。

3)降解,是指微生物将复杂的污染物大分子通过其生命活动转变为简单小分子的过程。其一般伴随着碳链的断裂及碳原子数目的明显减少。如果微生物能将污染物彻底分解为无害的小分子无机物(如 CO_2、H_2O、NO_3^-、SO_4^{2-} 等),则称为终极降解或矿化。显然,只有降解作用才能将污染物彻底消除。

值得注意的是,降解作用仅能在有机污染物上发生,无机污染物(主要是重金属)是无法实现降解的,其仅能被吸附和转化。

4.5.1 可生物降解性

可生物降解性是指有机污染物大分子能够被分解为简单小分子的可能性。不同有机污染物的生物可降解性不同,由此,可将有机污染物分为两大类。

(1)易降解性物质。

其可被绝大多数微生物作为唯一碳源或氮源物质,并且微生物个体凭借自身的代谢就能将其分解并获得能量和有用中间代谢物,还能将其用于生长繁殖等生命活动。这类物质如单糖、淀粉、蛋白质、核糖等常见有机物,其主要来自人畜排泄物以及动植物残体。

(2)难降解性物质。

其又可分为持久性物质和外生性物质。前者是指如腐殖质、木质纤维素等天然聚合物,其一般很难被绝大多数微生物降解或降解速率非常慢,在环境中停留的时间非常久;后者是指如塑料、尼龙、许多农药等非天然性、人工合成的物质,其一般不能被微生物用作唯一碳源或氮源物质,并且它们之中有些能被降解而有些几乎不能被降解,可降解的必须依赖于微生物的共代谢作用才能被降解,而降解后所产生的能量和中间代谢物,不能用于微生物的生长繁殖。

4.5.2　微生物处理污染物的作用机制

微生物处理污染物的过程十分复杂,涉及许多生化反应和多菌种之间的相互协作。其作用机制目前尽管仍未被全部阐明,但主要涉及微生物对污染物的吸附、转化或降解等作用(见图4-13)。

对于有机污染物,微生物在将其吸收后,可通过酶促分解反应或共代谢作用,将其彻底降解为无害的小分子无机物,即矿化作用;或者,微生物可利用这些有机污染物的分解代谢中间产物,以合成自身细胞物质,从而将有机污染物固定于细胞中。此外,微生物还可通过内源呼吸作用,将这些源于有机污染物的细胞物质分解为无害的无机物或内源呼吸残余物。一般而言,这些残余物均是微生物不可再降解的物质。

对于无机污染物,主要是重金属,其可在被微生物吸附或吸收后,直接被固定和富集于细胞中,从而可大大减少其直接暴露于环境中而造成的危害。此外,微生物尽管无法降解重金属,但可通过一系列生物转化作用将有毒重金属脱毒或钝化,使其转化为无毒或低毒的状态而不至于危害环境质量和人类健康;微生物还可通过沉淀或溶解作用,将重金属转化为相对无害的形式。

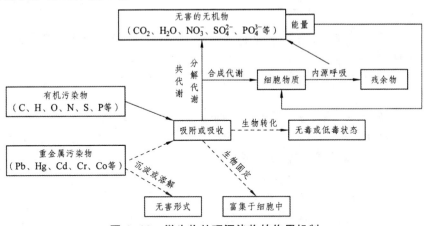

图 4-13　微生物处理污染物的作用机制

4.5.3 糖类、木质素和脂类等含碳有机物的生物降解

4.5.3.1 多糖类的生物降解

多糖是多个单糖缩合而成的高分子化合物,如纤维素、淀粉、原果胶、

半纤维素等。它们被微生物分解时,一般要经相应的胞外酶把它们水解成单体,然后由胞内酶做进一步的降解。

（1）纤维素的生物降解。

纤维素是植物细胞壁的主要成分,占植物残体和有机肥料干重的 35% ~ 60%。纤维素是葡萄糖的高分子缩聚物,是由 1400 ~ 10 000 个葡萄糖分子经 β–1,4– 糖苷键结成直的长链,性状稳定。只有在产纤维素酶的微生物作用下,才被分解成简单的糖类。

纤维素酶是诱导酶,包括许多不同的酶类,大致可分为三种：C_1 酶、β–1,4– 葡聚糖酶和 β– 葡萄糖苷酶。

（2）淀粉的生物降解。

葡萄糖聚合而成的大分子有机物,有直链淀粉和支链淀粉两种。直链淀粉中的葡萄糖以 α–1,4– 糖苷键连接；支链淀粉有分枝,除 α–1,4– 糖苷键外,在直链与支链交接处,以 α–1,6– 糖苷键连接。

水解淀粉糖苷键的一类酶统称淀粉酶,主要有 4 种：

1）α– 淀粉酶,是内切酶,切割 α–1,4– 糖苷键,主要生成糊精、麦芽糖和少量葡萄糖。

2）β– 淀粉酶,为外切酶,从链的一端进行切割。每次切下两个葡萄糖单位,亦即生成麦芽糖。

α– 淀粉酶和 β– 淀粉酶都不能水解 α–1,6– 糖苷键,因此水解产物都可能有糊精生成。

3）异淀粉酶,主要作用于直链与支链交接处的 α–1,6– 糖苷键,生成糊精。

4）糖化淀粉酶,每次切下一个葡萄糖分子。

淀粉在各种酶的共同作用下,可完全水解成葡萄糖。细菌、放线菌、霉菌中均有分解淀粉的种属菌株。

（3）半纤维素的生物降解。

半纤维素是由多种五碳糖、己糖及糖醛酸组成的大分子。半纤维素有两大类：①同聚糖,仅由一种单糖组成,如木聚糖、半乳聚糖或甘露聚糖；②异聚糖,由一种以上的单糖或糖醛酸组成。

微生物对半纤维素的分解比分解纤维素快,细菌、放线菌、真菌的一些种能分解半纤维素。芽孢杆菌属中的某些种能分解甘露聚糖、半乳糖、木聚糖等；假单胞菌能分解木聚糖；真菌中许多种属菌株能分解阿拉伯木聚糖和阿拉伯胶。

（4）果胶质的转化。

果胶质是其羟基与甲基酯化形成的甲基酯,由 *D*– 半乳糖醛酸通过

α-1,4- 糖苷键构成的直链高分子化合物。

果胶在天然状态下不溶于水,称原果胶,在原果胶酶的作用下,水解成可溶性果胶和多缩戊糖:

$$原果胶 + H_2O \xrightarrow{\text{原果胶酶}} 可溶性果胶 + 聚戊糖$$

$$可溶性果胶 + H_2O \xrightarrow{\text{果胶甲基酯酶}} 果胶酸 + 甲醇$$

$$果胶酸 + H_2O \xrightarrow{\text{聚半乳糖酶}} 半乳糖醛酸$$

半乳糖醛酸进入细胞内,产物有聚戊糖、果胶酸,在好氧条件下经糖代谢途径被彻底分解为 CO_2 和 H_2O 并释放出能量。

分解果胶的微生物主要有好氧细菌中的枯草芽孢杆菌(*Bacillus subtilis*)、多黏芽孢杆菌(*B.polymyxa*)以及假单胞菌的一些种。

4.5.3.2 木质素的生物降解

木质素大量存在于植物木质化组织的细胞壁中,其含量比纤维素、半纤维素略少。木质素的结构十分复杂,是苯的衍生物,常与多糖类结合在一起,如苯丙烷和松柏醇。

木质素是植物残体中最难分解的组分,在自然环境或污水处理过程中,木质素被降解成芳香族化合物之后,再由细菌、放线菌、真菌等继续进行分解。据报道,玉米秸进入土壤后 6 个月木质素仅减少 1/3,分解木质素的微生物以真菌中的担子菌类能力最强。另外,交链孢霉、曲霉、青霉中的一些真菌,放线菌中的假单胞菌以及细菌中的许多种属也能分解木质素。

4.5.3.3 脂类的生物降解

动植物残体内的脂类物质主要有脂肪、类脂质和蜡质等。它们的脂类因分子结构的繁简降解速度各不相同。生物降解途径一般如下:

$$脂肪 + H_2O \xrightarrow{\text{脂肪酶}} 甘油 + 高级脂肪酸$$

$$类脂质 + H_2O \xrightarrow{\text{磷脂酶类}} 甘油(或其他醇类) + 高级脂肪酸 + 磷酸 + 有机碱类$$

$$蜡质 + H_2O \xrightarrow{\text{酯酶类}} 高级醇 + 高级脂肪酸$$

脂类物质水解产物中的甘油,能被环境中绝大多数微生物用作碳源和能源,迅速氧化为 CO_2 和 H_2O。脂肪酸则通过氧化,先分解成多个乙酰 CoA,最终经三羧酸途径彻底氧化成 CO_2 和 H_2O,但在通气不良条件下脂肪酸不易分解而常有积累。

分解脂类物质的微生物主要是需氧性种类,如假单胞菌、分枝杆菌、无色杆菌、芽孢杆菌和球菌等,而放线菌、霉菌中也有许多种能分解脂类。

4.5.4 烃类化合物的微生物降解

烃类包括烷烃类、烯烃类、炔烃类、芳烃类、脂环烃类,石油中最主要的成分是烃类。大多数生物体也能合成多种烃类物质,除大量的脂肪和动、植物油外,如叶子表面的蜡质是含 $C_{25} \sim C_{33}$ 的烃类,高等植物、藻类和光合细菌合成的类胡萝卜素是一类不饱和烃,昆虫表皮和哺乳动物皮肤分泌物中含有烃类,微生物含有的类脂质中有长链烷烃。因此,动植物和微生物残体,是环境中烃类化合物的又一重要来源。此外,在沼泽、水田、污水、反刍动物瘤胃等环境中,还发生着微生物对有机物厌氧分解、产生甲烷的过程。据统计,地球上含碳有机物总量的 4.5% ~ 5.0% 通过厌氧分解被转变成甲烷。

4.5.4.1 烷烃的微生物降解

对烷烃的分解一般过程是逐步氧化,生成相应的醇、醛和酸,而后经 β− 氧化进入三段酸循环,最终分解为 CO_2 和 H_2O。以下分别介绍甲烷、乙烷、丙烷、丁烷以及高级烷烃类的氧化。最常见的氧化是烷烃末端的甲基氧化,或两端甲基氧化形成二段酸,次末端氧化成酮类。

1)能氧化甲烷的微生物大多是专一的甲基营养型细菌。甲烷氧化的途径如下:

$$CH_4 \longrightarrow CH_3OH \longrightarrow HCHO \longrightarrow HCOOH \longrightarrow CO_2$$

由甲烷到甲醇的氧化涉及一个单氧酶系统,末端甲基氧化过程通式为

$$CH_3 \cdot (CH_2)_n \cdot CH_3 \longrightarrow CH_3 \cdot (CH_2)_n \cdot CH_2OH$$
$$\longrightarrow CH_3 \cdot (CH_2)_n \cdot CHO$$
$$\longrightarrow CH_3 \cdot (CH_2)_n \cdot COOH$$
$$\xrightarrow{\beta-\text{氧化}} CH_3 \cdot (CH_2)_{n-2} \cdot COOH + CH_3COOH$$

2)乙烷、丙烷、丁烷的氧化可通过某些靠甲烷生长的细菌进行共氧化,此外也有专一的分解乙烷、丙烷等的微生物。

3)高级烷烃类的起始氧化有 3 种可能的途径:①生成羧酸;②生成

二羧酸；③生成酮类。

主要有两类细菌进行上述反应，一类为食油假单胞菌（*Pseudomonas oleovorans*），另一类为棒状杆菌属的一种。

4.5.4.2 烯烃类的微生物降解

烯烃是在分子中含有一个或多个碳碳双键的烃。烯烃的生物降解速率与烷烃相当。图 4-14 以单烯为代表，好氧条件下的降解步骤包括对末端或亚末端甲基的氧化攻击，攻击方式如同烷烃。

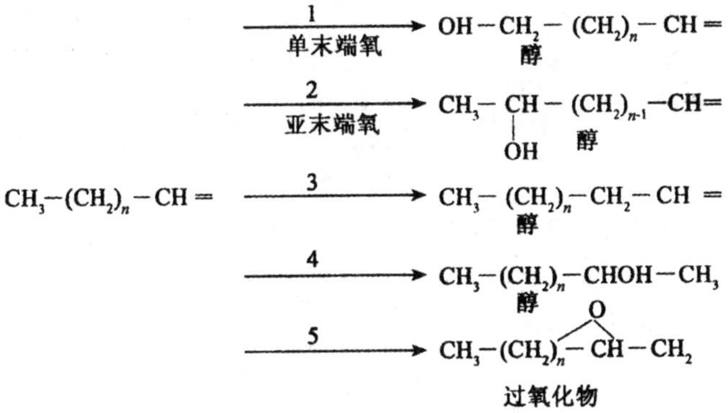

$$CH_3-(CH_2)_n-CH= \quad \xrightarrow[\text{单末端氧}]{1} \quad OH-CH_2-(CH_2)_n-CH= \quad \text{醇}$$

$$\xrightarrow[\text{亚末端氧}]{2} \quad CH_3-\underset{OH}{CH}-(CH_2)_{n-1}-CH= \quad \text{醇}$$

$$\xrightarrow{3} \quad CH_3-(CH_2)_n-CH_2-CH= \quad \text{醇}$$

$$\xrightarrow{4} \quad CH_3-(CH_2)_n-CHOH-CH_3 \quad \text{醇}$$

$$\xrightarrow{5} \quad CH_3-(CH_2)_n-CH-CH_2 \quad \text{过氧化物}$$

图 4-14　烯烃的生物降解

4.5.4.3 芳烃类的微生物降解

芳香烃化合物在不同程度上可被微生物分解。有些微生物种群以芳烃类化合物为唯一碳源和能源进行代谢。已发现荧光假单胞菌、铜绿假单胞菌、甲苯杆菌、芽孢杆菌、诺卡氏菌、球形小球菌、无色杆菌、分枝杆菌、菲芽孢杆菌巴库变种、菲芽孢杆菌古里变种、小球菌及大肠埃希菌等都能分解酚、苯、甲苯、菲等。

（1）苯。

苯是芳香烃的基本结构，多环芳烃降解最终也要经历到苯，并进一步转化，最终完全降解。苯经儿茶酚的降解过程如图 4-15 所示。

（2）多环芳烃。

多环芳烃的生物降解过程十分复杂，一般来说二环（如萘）、三环的多环芳烃（如蒽、菲）研究得较为广泛深入，而更复杂得多环芳烃，如䓛（chrysene）和亚苄基芘（benzola pyrene）研究得相对较少，较不深入。

1）萘。二环萘的降解机制如图 4–15 所示。

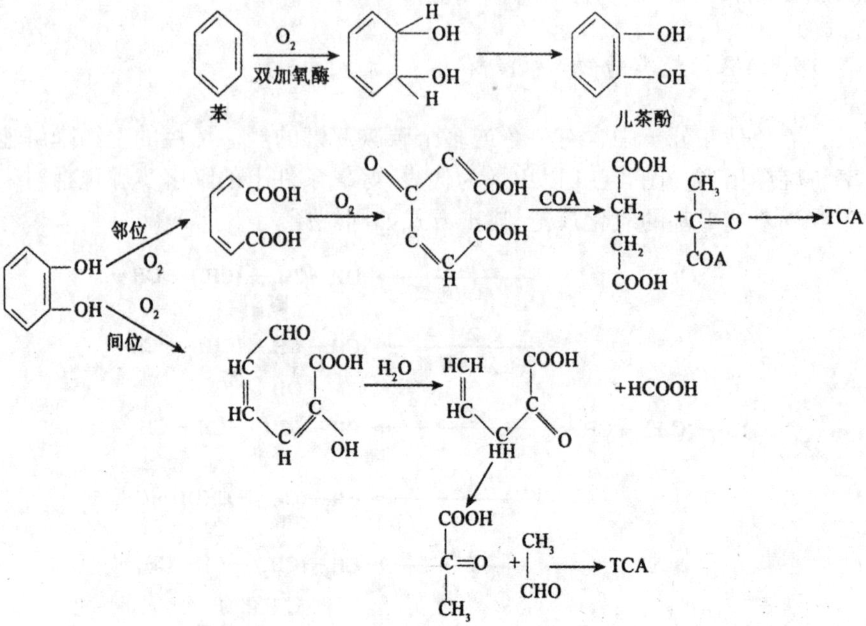

图 4–15　苯经儿茶酚的降解过程

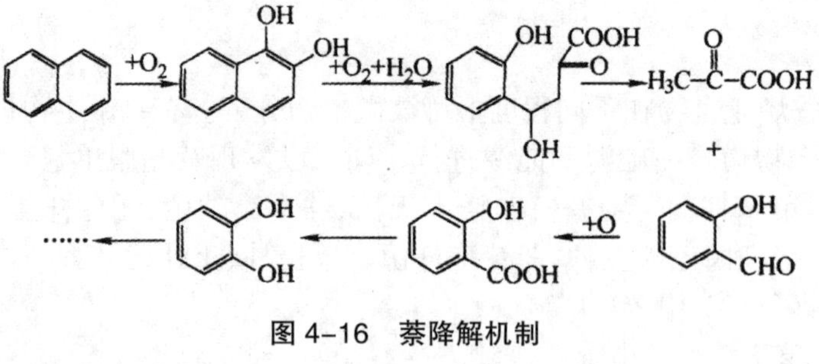

图 4–16　萘降解机制

2) 蒽。铜绿假单胞菌(*Pseudomonas aeruginosa*)在好氧条件下降解三环蒽的途径如图 4–17 所示。

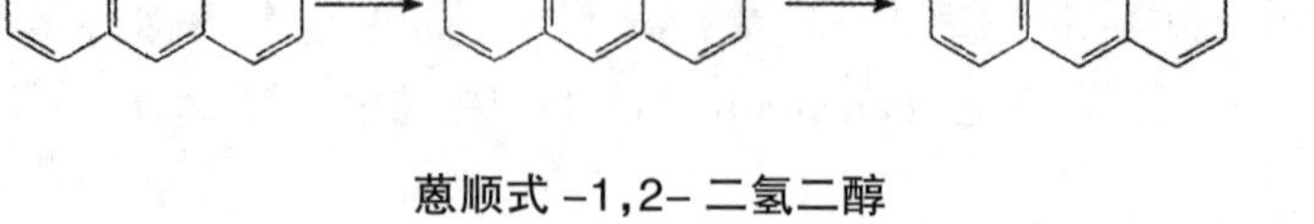

蒽顺式 –1,2– 二氢二醇

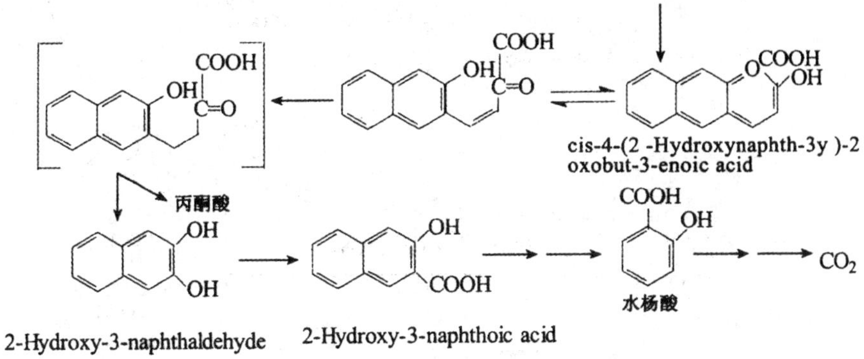

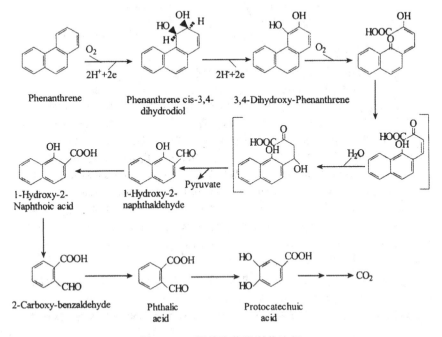

图 4-17　铜绿假单胞菌等细菌代谢三环蒽的途径

3）菲。三环菲的生物降解途径与蒽相似，假单胞菌能代谢降解菲（见图 4-18）。此外，白腐真菌也能降解菲（见图 4-19）。在菲第一阶段的分解代谢中起作用的酶有细胞色素 P450 单加氧酶和开环酶。雅致小克银汉霉（*Cunninghamella elegans*）代谢菲形成菲 *trans*-1,2-，*trans*-3,4- 和 *trans*-9,10-dihydrodiols 和一种糖苷复合物（glucoside conjugate）（见图 4-20）。

图 4-18　假单胞菌代谢菲途径

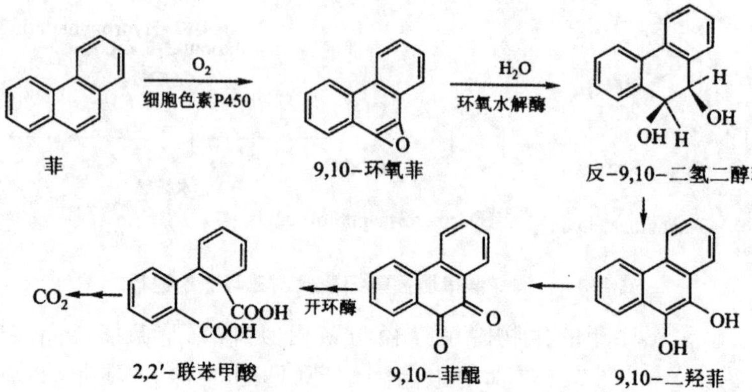

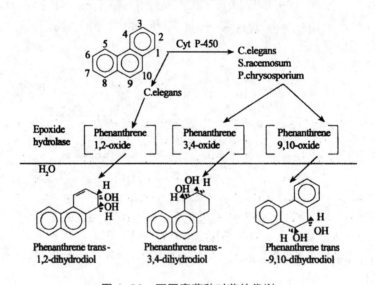

图 4-19　白腐真菌降解菲的途径

图 4-20　不同真菌种对菲的代谢

4）芘。四环的芘（pyrene）可被分枝杆菌降解产生 CO_2，中间代谢产物包括芘顺式 -4,5 二氢二醇、4- 菲苯酸、苯二甲酸、肉桂酸以及反式 -二氢二醇。此外还有一些其他代谢芘的途径，这些途径综合起来如图 4-21 所示。

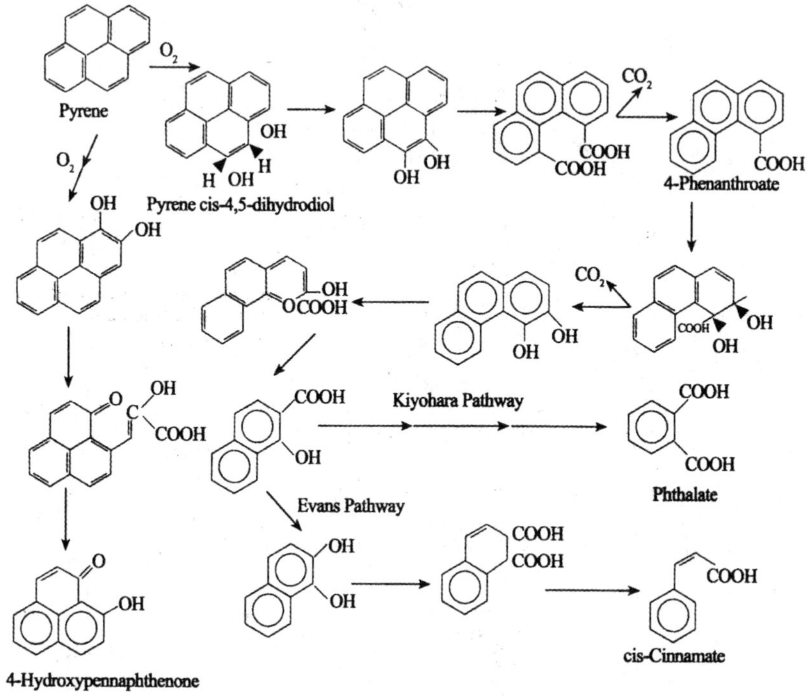

图 4-21　分枝杆菌菌株 PyRI 代谢芘的途径

近年来,对四环以上 PAHs 的微生物降解研究极为重视。已经分离到的降解菌包括脱氮产碱杆菌、红球菌、白腐真菌、假单胞菌和分枝杆菌等。降解过程有多种途径,微生物的酶催化可发生在不同的位点。图 4-22 显示苯并 [a] 蒽降解的初始步骤。

由上述介绍可知,PAHs 的降解取决于微生物产生加氧酶的能力,这些酶对 PAHs 有特异性,因此常常需要多种微生物来降解 PAHs。

（3）苯酚和甲酚。

苯酚和甲酚都是简单的带取代基的苯类衍生物。苯酚经微生物单加氧酶（monoxygenase）氧化转变为邻苯二酚,邻苯二酚沿邻位裂解途径生成 β- 酮基己二酸,然后生成乙酰 CoA 和琥珀酸,最后进一步氧化成 CO_2 和 H_2O,反应过程如图 4-23 所示。甲酚的降解途径如图 4-24 所示。

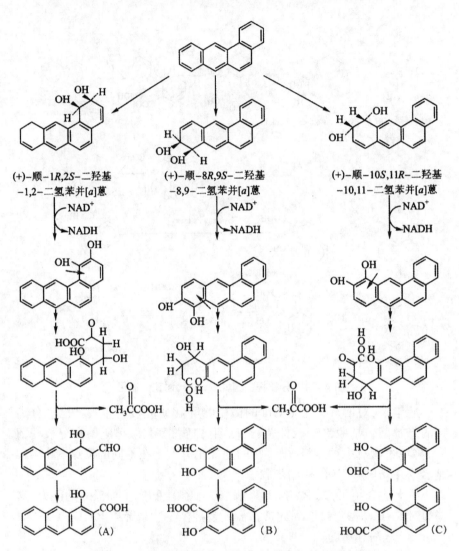

图 4-22 拜耳林克氏菌对苯并 [a] 蒽降解的初始步骤

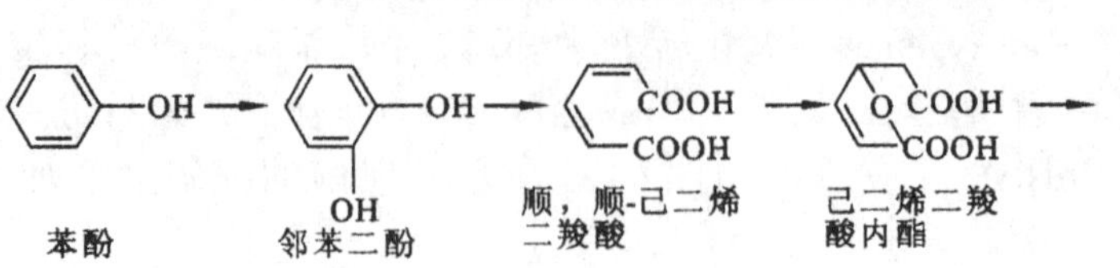

图 4-23 苯酚的降解途径

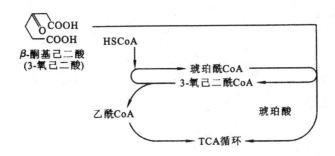

续 图 4-23　苯酚的降解途径

OH
+O₂
OH
OH
开环

OH
CH₃

+O₂

OH
OH
CH₃
开环

OH
CH₃

图 4-24　甲酚的好氧生物降解途径

（4）苯乙烯。

苯乙烯的好氧降解主要有两个途径：一个途径是以乙烯基侧链的氧化开始，另一个是芳香环的直接氧化。细菌降解苯乙烯的主要途径如图 4-25 所示。

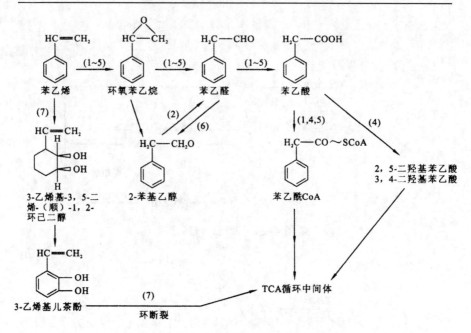

图 4-25　细菌降解苯乙烯的主要途径

（图中的数字标明了能进行此代谢步骤的微生物）

1—P.*putida* CA-3；2—*Xanthobacter* strain 124X；

3—*Xanthobacter* strain S5；4—P.*fluorescens* ST；

5—*Pseudomonas* sp.strain Y2；6—*Corynebacterium* strain ST；

7—*Rhodococcus rhodochrous* NCIMB 13259

（5）二氯代苯和五氯苯酚。

氯代芳香烃化合物是最常见的带取代基的芳烃化合物。二氯代苯和五氯苯酚是常见的氯代芳香烃化合物，它们的降解途径如图 4-26 所示。

大量研究表明，许多氯代芳烃化合物在厌氧下更易于生物降解，特别是还原脱氯是许多氯代化合物在厌氧条件首先发生的降解过程。五氯酚在厌氧条件的降解过程如图 4-27 所示。

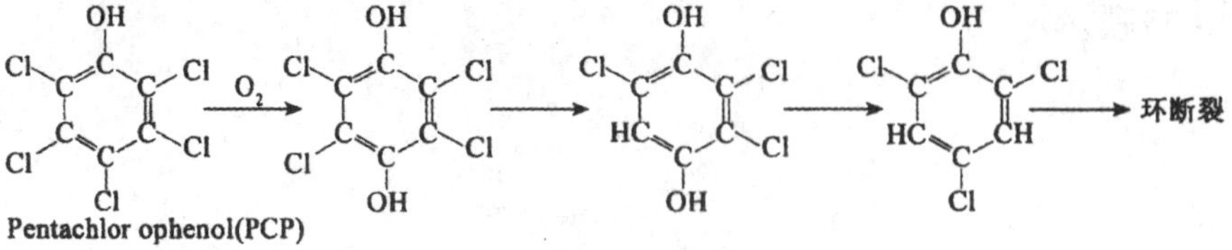

图 4-26　五氯苯酚（PCP）和三种二氯苯最开始的好氧降解

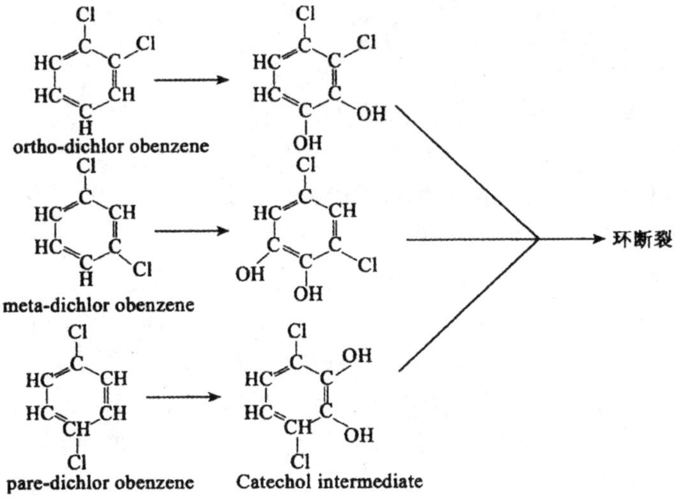

续 图 4-26　五氯苯酚(PCP)和三种二氯苯最开始的好氧降解

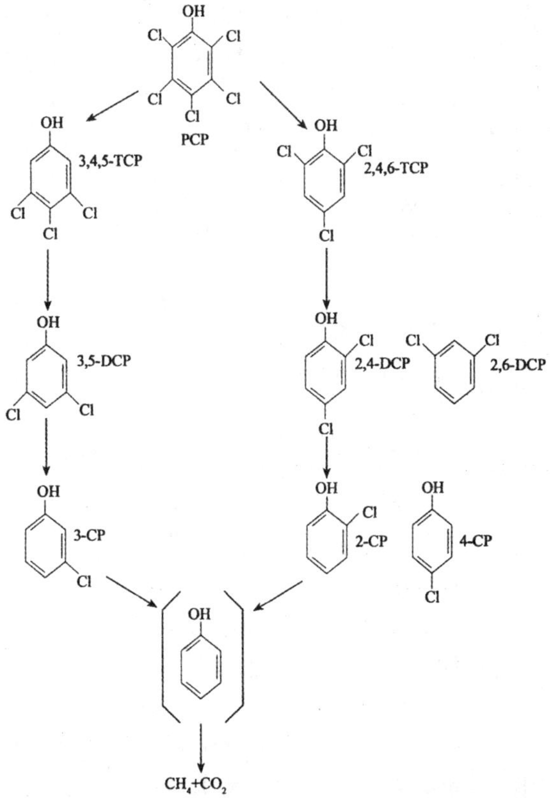

图 4-27　五氯酚(PCP)厌氧条件下的生物降解

4.5.4.4 脂环烃类的微生物降解

在全部烃类中,脂环烃类最难被生物所降解,尤其是以此为唯一碳源的降解难度最大。已知有两种假单胞菌能通过共代谢作用降解环己烷,它们并不能利用环己烷作为生长的碳源和能源,而是以庚烷作为碳源与能源,把环己烷共氧化为环己醇。

小球诺卡氏菌(*Nocardia globerrla*)以及其他微生物对环己醇(来自环己烷)的降解途径与苯酚类的降解有相似之处,即难溶于水的环己烷经羟基化形成环己醇,后者脱氢后形成环己酮,再加氧产生内酯,加水水解己内酯开环,形成羟基己酸之后,直链脂肪酸的氧化就变得简单快速,加氧后形成己二酸,脂肪酸经过 β- 氧化、TCA 途径彻底降解为 CO_2 和 H_2O(见图 4-28)。

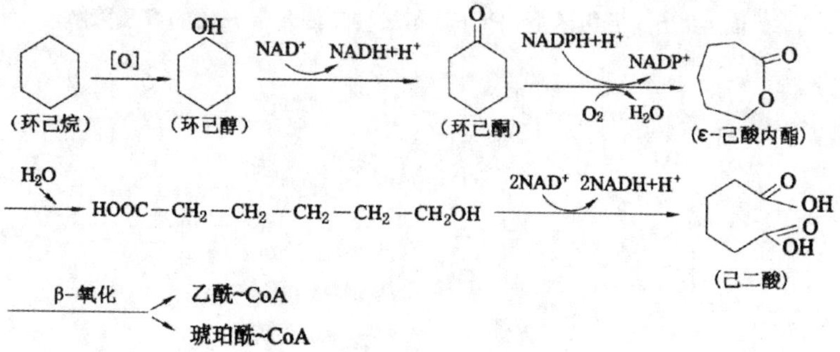

图 4-28　环己醇的生物降解

4.5.5 石油的微生物降解

随着石油的大量开采和利用,石油产品及废弃物对水体及土壤造成了严重的污染。石油是目前环境中烷类化合物污染的主要来源。石油是含有大量多种烃类及少量其他有机物的复杂混合物。有的石油中含有上百种烃类,相对分子质量从 16 到 1000 不等。

微生物对不同石油烃的代谢途径和机理是不同的。在合适的条件下,石油烃可被微生物代谢分解。一般而言,C_{10} ~ C_{18} 范围的化合物较易分解。碳原子 30 个以上者则较难,原因是其溶解度小,表面积小的缘故。尽管烃类有所不同,反应过程各异,但其降解的起始反应却是相似的,即在加氧酶的催化作用下,将分子氧(O_2)组入基质中,形成一种含氧的中间产物。

影响石油降解的因素如下:

1）石油烃的种类和组成。石油中的烃类一般可分为两类：饱和烃类和不饱和烃类。一般地，烃类化合物生物降解难易次序为（由易至难）：$C_{<10}$ 的直链烷烃 $>C_{10 \sim 24}$ 或更长的直链烷烃 $>C_{<10}$ 的支链烷 $>C_{10 \sim 24}$ 或更长的支链烷烃 > 单环芳烃 > 多环芳烃 > 杂环芳烃。

2）石油物理状态。降解石油的细菌大都集中在油 – 水界面，即烃降解菌主要在油 – 水界面生长并发挥作用。油的分散程度越高越有利于微生物与石油烃的接触及其对氧和营养物的获取，从而加快降解速率。增加石油溶解度的各种环境因素及产出乳化剂的微生物都能促进石油在水中的扩散及降解。

3）温度。温度会影响石油烃的物理状态。一般温度高会使石油溶解度增加，分散程度增加。

4）石油烃既可被好氧降解也可以发生厌氧降解，要彻底氧化为 CO_2 和 H_2O 需要有氧气氧化。厌氧降解一般比好氧分解慢。

5）营养物质氮、磷常成为石油降解的限制性因素。石油烃可为微生物生长代谢提供充足的能源和碳源，但如果营养物质缺乏就会抑制微生物对石油烃的降解作用。加入硝酸盐或磷酸盐，可提高降解速率。

4.5.6 农药的生物降解

随着化学工业的迅速发展，化学性农药的品种不断增加，迄今为止全世界已经有上千种农药，其中绝大多数是化学合成农药。农药对全球生态系统的危害有些已经显现，而更多的是未知的，甚至是难以估量的。

4.5.6.1 降解农药的微生物类群

进入环境中的有机农药的消失或转化，主要是通过微生物的降解作用。降解农药的微生物在自然界中广泛存在。通过比较正常土壤与消毒灭菌土壤中农药的含量，发现后者降解效率仅为正常值的 1/10。

在降解农药的微生物中，细菌主要有假单胞菌属（*Pseudomonas*）、芽孢杆菌属（*Bacillus*）、产碱菌属（*Alcaligenes*）、黄杆菌属（*Flavobacterium*）、节杆菌属（*Arthrobacter*）、无色杆菌属（*Achromobacter*）等；放线菌的代表为诺卡氏菌属（*Nocardia*）；霉菌的代表为曲霉属（*Aspergillus*）。细菌由于其较强的适应能力以及易发生变异的特点而占据着主要的地位，其中假单胞菌属最为活跃，对多种农药有降解作用。在自然界中能直接降解农药的微生物不多，适应、降解性质粒和共代谢作用是微生物降解农药的重要机制。

4.5.6.2 微生物对农药的降解

农药的化学结构决定了其被微生物降解的可能性及速率。

微生物对农药的降解有两种方式：以农药作为唯一碳源和能源，有时也可能作为唯一的氮源；微生物通过共代谢作用使顽固性农药得以降解，或降解其分子中某个基团。

物理因素与化学因素对农药的生物降解作用也不可忽视，如光降解、化学氧化与还原。

有机农药大多具有一个较简单的烷骨架，骨架上有不同取代基（如—X、—NH₂、—OH 等）。农药的降解一般是先去掉取代基，剩下的烷再按烃氧化途径降解。根据物质结构，可以大致排出其降解难易度的顺序，各类物质降解由易至难，排列顺序是脂族酸、有机磷酸盐、长链苯氧基脂族酸、短链苯氧基脂族酸、单基取代苯氧基脂族酸、三基取代苯氧基脂族酸、二硝基苯、氯代烃类（DDT）。

（1）脱卤作用。

脱卤作用是许多氯代烃农药降解的主要途径，如六六六脱氯后生成氯苯（见图 4-29）。

（2）脱烃作用。

此作用主要发生在烃基连接在 N、O、S 上的某些农药中。如均三氮苯和甲苯类化合物，在微生物的作用下，先进行脱烃，再脱氨基，后转化为带羟基的衍生物（见图 4-30）。

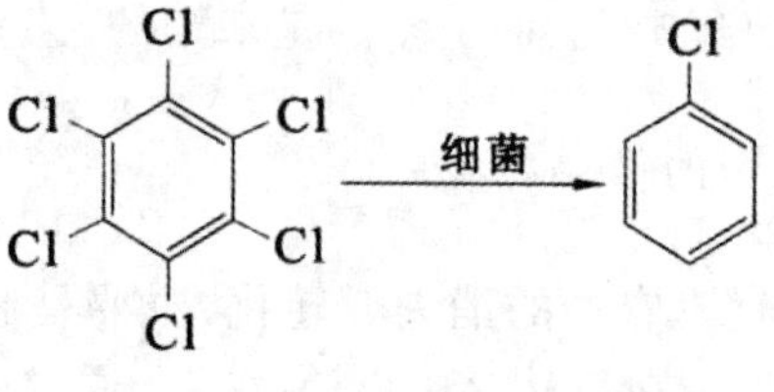

图 4-29　六六六脱氯后生成氯苯

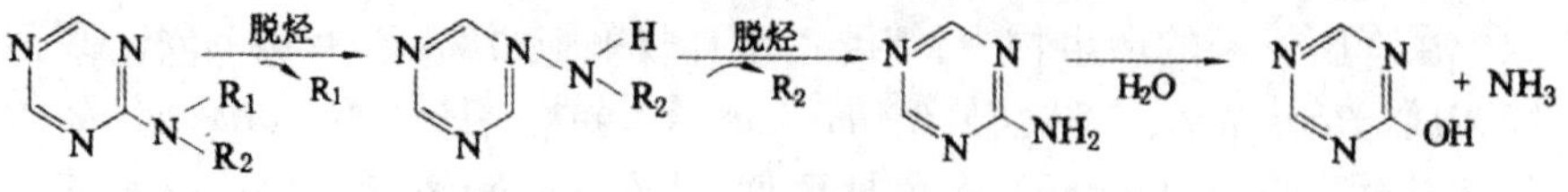

图 4-30　均三氮苯的脱烃作用

（3）酯和酰胺的水解。

很多农药是酰胺类，如苯胺类除草剂（苯基氨基甲酸酯类、苯基脲类、丙烯酰替苯胺类）或磷酸酯类，如磷脂类杀虫剂（对硫磷、马拉硫磷）。微生物先通过水解这些化合物中的酯键或酰胺键，再进一步使其降解，如马拉硫磷的降解(见图 4-31)。

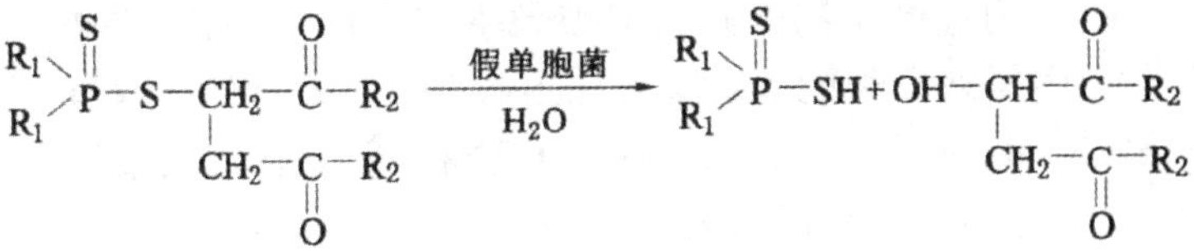

图 4-31　酯和酰胺的水解

（4）氧化作用。

微生物在加氧酶的催化下,使 O_2 进入有机分子,特别是进入带芳环的有机分子中,有的是加进一个烃基,有的形成一种环氧化物。

（5）还原作用。

还原作用主要是硝基(—NO_2)被还原为氨基(—NH_2),如对硫磷在微生物的作用下发生的还原作用(见图 4-32)。

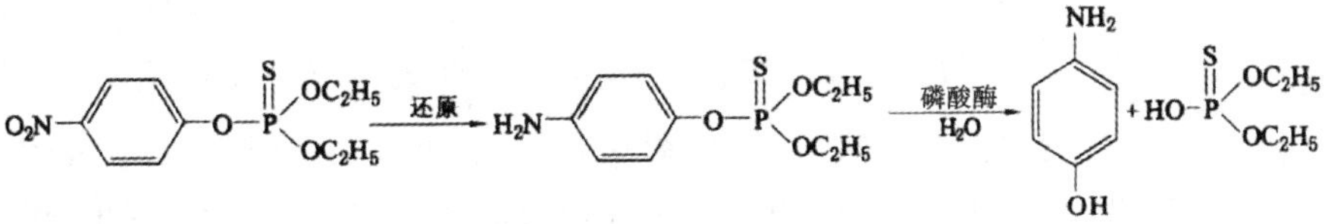

图 4-32　对硫磷在微生物的还原作用

（6）环裂解。

芳香环可被许多土壤细菌和真菌降解。芳香环在单氧酶的催化下发生烃基化,生成邻苯二酚,其步骤与芳香烃类似。图 4-33 是 2,4-D（2,4-二氯苯氧乙酸）的裂解反应。

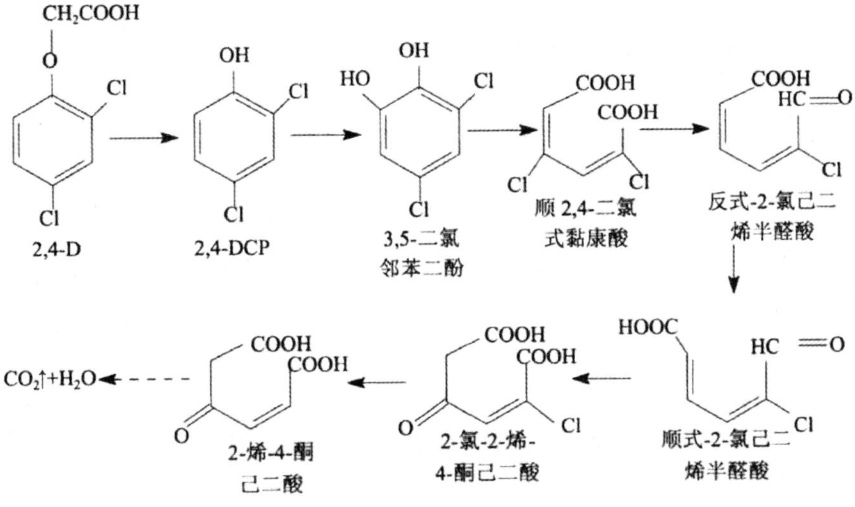

图 4-33　2,4-D（2,4-二氯苯氧乙酸）的裂解反应

图 4-34 以草芽平和 2,4,5-T 为例进一步说明农药的降解。草芽平和 2,4,5-T 是通过微生物的共代谢被微生物降解的,因这两种农药均不能被微生物用作碳源和能源。其代谢过程与 2,4-D 相似,通过形成中间产物 3,5- 氯邻苯二酸再氧化为 CO_2、H_2O 和 Cl^-。参与代谢过程的有节杆菌(直接代谢)及无色杆菌(共代谢)等。

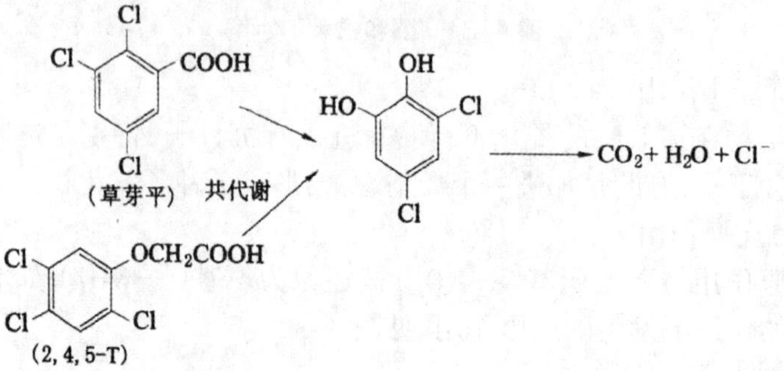

图 4-34 草芽平和 2,4,5-T 的降解

DDT(二氯二苯三氯乙烷)非常顽固,难以被微生物降解。尚未发现能以 DDT 作为唯一碳源和能源直接将其加以分解的微生物,能够分解 DDT 的微生物都是通过共代谢进行的,一般先光解对氯苯乙酸,然后再由微生物接着降解。DDT 可通过图 4-35 的途径而降解成一系列脱氯化合物,也就是 DDD、DDMS 和 DDYS 等。

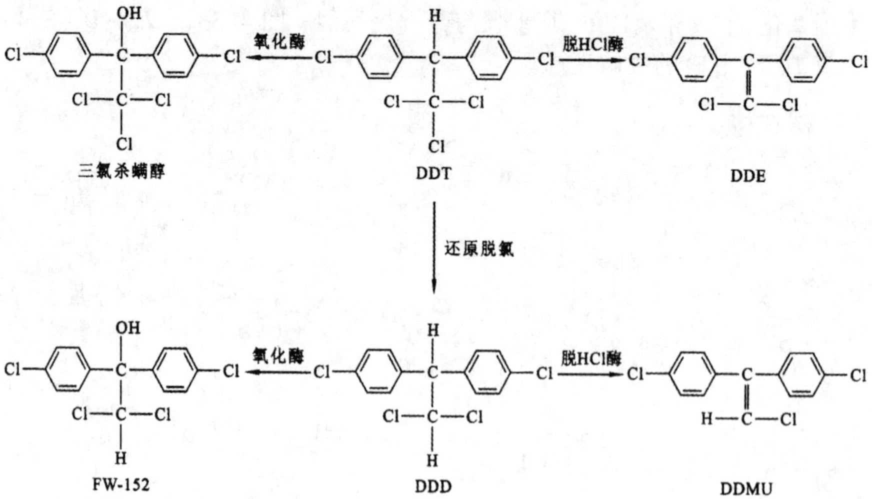

图 4-35 微生物降解 DDT 的一般途径

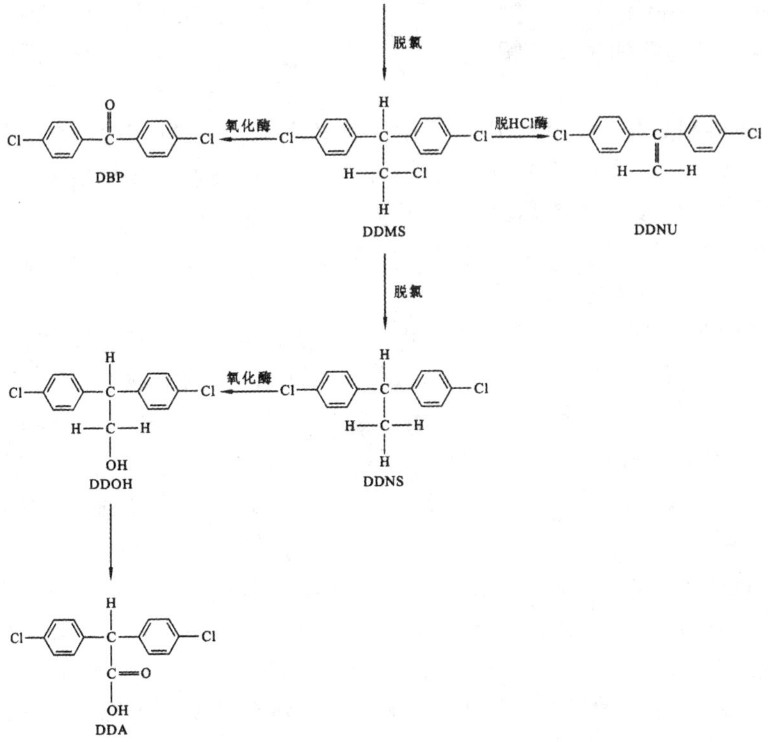

续 图 4-35 微生物降解 DDT 的一般途径

（7）缩合。

农药分子或其一部分与其他有机化合物在微生物的作用下相互结合从而失去毒性。下面以敌稗的生物降解为例加以说明（见图4-36）。微生物虽能降解农药，但农药在微生物细胞中能积累到较高的浓度，故它们也常常受到农药的毒害作用。

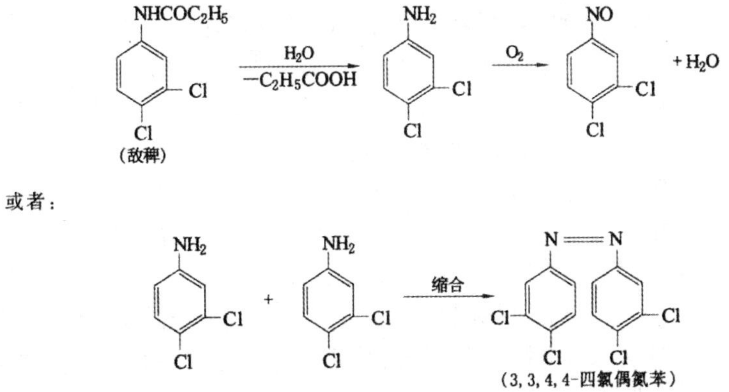

图 4-36 敌稗的生物降解

4.5.7 塑料的生物降解

塑料制品是人们生活中广泛使用的必需品。正是因其疏水、耐用等优良性能,却成了环境中的一大类难以降解的污染物。塑料主要有聚乙烯、聚氯乙烯及聚苯乙烯等类型,塑料中还可能含有某些添加剂如增塑剂、着色剂、填充剂等。研究表明,大多数烯烃类聚合物不能被微生物所降解,长期残留于环境中。

塑料的聚乙烯均很难被微生物降解,微生物对塑料的分解主要作用于其中的添加剂,比如增塑剂,大多为疏水油状物,如植物油、氯代烃、有机酸。各类烷基链含碳数不同的酞酸酯(PAEs)约占 60%。PAEs 对水生动物和无脊椎动物毒性较低,但在某些鱼类体内可大量富集。另外,PAEs 具有致畸致突变作用。因此,许多国家和地区已将其列为优先控制的污染物。

不少学者认为,烯烃类聚合物难以被微生物降解,很可能是由于塑料分子极强的疏水性无法满足微生物生理生化反应对水的需要及塑料烷基长链末端缺少易被微生物作用的官能团,并非由于其相对分子质量或其结构复杂。经过大量的研究发现,聚烯烃类塑料经紫外光辐射或热解氧化后,可发生有利于其中间产物进行生化降解的变化。光解或热解后的产物扩张强度显著下降,塑料变脆、易碎,表面积增加,相对分子质量明显降低,分子中产生了易为微生物作用的基团如羧基。可以认为,塑料高聚物的降解过程是先光解,后生物降解,即塑料的降解是光解与生物降解联合作用的结果。塑料光解产物的相对分子质量究竟降至何种水平才有利于生物降解,目前仍是一个正在探讨的问题。

由于合成塑料难以降解,所引起的环境污染日趋严重,因此,人们便开始了可生物降解塑料的研究。目前,已开发多种多样的可降解塑料。

一般认为,以颗粒淀粉或改性胶状淀粉作为专加剂的塑料是较为理想的生物降解塑料。其降解机理包括两个过程:一是塑料中的淀粉颗粒先在微生物(主要是细菌和真菌)的作用下分解除去,从而增加了塑料的表面积,并降低了塑料的强度;二是当塑料与土壤中存在的某些盐类物质接触时,因自氧化作用形成了过氧化物,使塑料聚合链断裂。

以上两种降解过程不是独立的,而是相互配合,相互促进,共同完成塑料的降解。微生物对淀粉的消耗,增加了塑料的表面积,从而有助于自氧化降解的进行。因此,塑料经过脱淀粉、聚合链的断裂、变短,逐步达到能被微生物利用的程度。

影响塑料降解的因素主要有微生物的种类、温度、pH 及养分等。在黑暗、湿度较大、有效碳源及大量无机盐存在的情况下,塑料的生物降解容易进行。

4.5.8 多氯联苯的微生物降解

多氯联苯(PCBs)是含氯的联苯化合物,它以联苯为原料,在金属催化剂作用下,高温氯化而合成的有机氯化物,基本结构如图 4-37 所示,联苯环上有 10 个可被氯取代的位置。以氯取代的位置和数量的不同,PCBs 共有 210 种异构体。

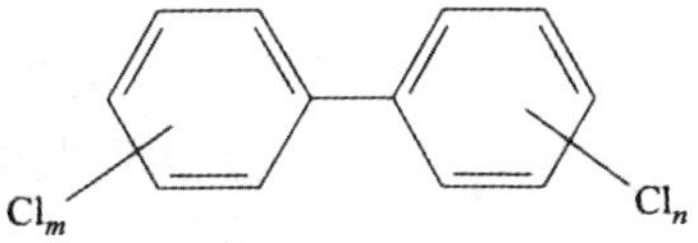

图 4-37 多氯联苯的基本结构

随着结构中所含氯原子个数的增加,PCBs 的黏性亦增加,可呈现液态、黏液态或树脂态。PCBs 的理化特性极为稳定,耐高温,耐酸碱,耐腐蚀,不受光、氧、微生物的作用,不溶于水,易溶于有机溶剂,具有良好的绝缘性和不燃性。在工业上 PCBs 应用很广泛,可用做变压器、电容器等电器设备的绝缘油,用作化学工业中的载热体,用做塑料及橡胶的软化剂,以及作为油漆、油墨、无碳纸等的添加剂。

微生物主要是通过共代谢途径使多氯联苯降解,含氯愈多的多氯联苯愈难降解。有研究者曾应用解脂假丝酵母(*Candida ipolytica*)、小球诺卡氏菌(*Nocardia globerula*)、红色诺卡氏菌(*Nocardia rubra*)和酿酒酵母(*Saccharomyces cerevisae*)等混合菌体处理多氯联苯,可使之完全降解。有人从美国威斯康星某湖污泥中分离的产碱杆菌属(*Alcaligenes*)及不动杆菌属(*Acinetobacter*),能分泌出一种特殊的酶,使 PCB 转化成联苯或对氯联苯,然后吸收这些转化产物,排出苯甲酸或代苯甲酸。后二者较易为环境中其他微生物所分解。

4.5.9 微生物对重金属的转化

4.5.9.1 汞的转化

汞是室温下唯一的液体金属,是严重危害人体健康的环境毒物。据估计,世界汞的产量每年在 9000t 以上。气态汞较元素汞具有高毒性,一价汞毒性较二价汞低,但人体组织和红细胞能将一价汞氧化为毒性高的二价汞,而烷基汞是高毒性的汞化物,如甲基汞的毒性比无机汞高 50 ~ 100 倍。此外,甲基汞、乙基汞和丙基汞等有机汞均为脂溶性的,容易以扩散的方式进入生物体的细胞和组织并积累。

微生物参与各种形态汞的转化主要有以下两种途径。

(1)甲基化作用。

有些微生物,能将无机汞经甲基化(methylation)而生成甲基汞(一甲基汞或二甲基汞):

$$Hg^{2+} \xrightarrow{RCH_3} CH_3Hg^+ \xrightarrow{RCH_3} (CH_3)_2 Hg$$

在甲基化过程中,需要有一种甲基传递体存在,甲基钴胺素(即甲基维生素 B_{12})即能起到这种作用。甲基钴氨素结构式及简式如图 4-38 所示。甲基钴氨素在辅酶作用下反应生成甲基汞。

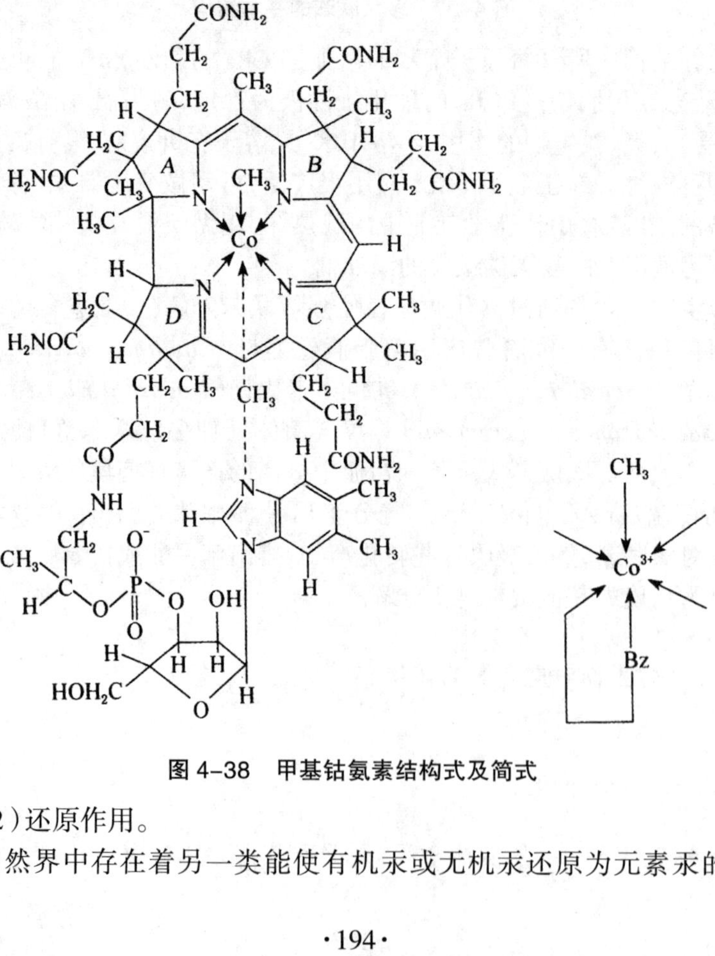

图 4-38 甲基钴氨素结构式及简式

(2)还原作用。

自然界中存在着另一类能使有机汞或无机汞还原为元素汞的微生

物,统称之为抗汞微生物。其还原过程为

$$CH_3Hg^+ + 2H^+ \longrightarrow Hg + CH_4\uparrow + H^+$$

$$HgCl_2 + 2H^+ \longrightarrow Hg + 2HCl$$

抗汞微生物中以假单胞菌属为常见。如日本分离得到的 *Pseudomonas* K62 是典型的抗汞菌,可使甲基汞还原,该菌具有红色非水溶性色素,对有机汞具有很强的耐受性。吉林医学院等研究部门从松花江底泥表层中分离筛选、驯化出三株使甲基汞还原的假单胞菌,经实验证明,其清除氯化甲基汞的效率较高,对 1×10^{-6} 和 5×10^{-6} 的 CH_3HgCl 清除率接近100%,对 10×10^{-6} 和 20×10^{-6} 的 CH_3HgCl 清除率达99%。此外,大肠埃希氏菌也能将 $HgCl_2$ 还原生成 Hg。利用抗汞微生物还原汞的特点,还可回收利用元素汞。图 4-39 所示为自然界汞循环图。

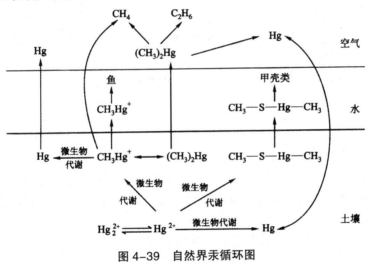

图 4-39　自然界汞循环图

4.5.9.2 砷的转化

砷是人体所必需的元素,它是自然界广泛存在的有毒物质,几乎所有的土壤中都存在砷,地壳中砷的平均含量为 5mg/kg。自然界中的砷多为五价,污染环境中的砷多为三价无机化合物,生物体内的砷多为有机化合物。污染环境中的砷主要来源于化工、冶金、炼焦、发电、燃料、玻璃、皮革和电子等工业的"三废"。

水生生物一般对砷有较强的富集能力,有些生物的富集系数可达3300。砷的毒性不仅取决于它的浓度,也取决于它的化学形态。元素砷基本无毒,砷化物具有不同的毒性,含三价砷的亚砷酸盐的毒性比含五价砷的砷酸盐更大,因为亚砷酸盐能与蛋白质中的巯基反应。工业生产中,砷大部分以三价态存在,这就增加了砷在环境中的危险性。图4-40为自然界中砷的循环。

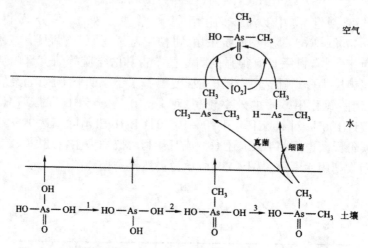

图4-40 砷循环图(1、2、3各阶段均为微生物代谢引起的作用)

4.5.9.3 铁、锰的转化

自然界中铁以无机铁化合物和含铁有机物两种状态存在。无机铁化合物又有溶解的二价亚铁和不溶性的三价铁。二价的亚铁盐易被植物、微生物吸收利用,转变为含铁有机物。二价铁、三价铁和含铁有机物三者可互相转化。

所有的生物都需要铁,而且要求溶解性的二价亚铁盐。二价和三价铁的化学转化受 pH 和氧化还原电位影响。pH 为中性和有氧时,二价铁氧化为三价的氢氧化物。无氧时,存在大量二价铁。二价铁能被铁细菌氧化为三价铁。例如,锈铁嘉利翁氏菌(*Gallionella feuginea*)、氧化亚铁硫杆菌(*Thiobacillus ferrooxidans*)、多孢锈铁菌即多孢泉发菌(*Crenothrix polyspora*)纤发菌属(*Leptothrix*)和球衣细菌。

锈铁嘉利翁氏菌是重要的铁细菌,好氧和微好氧,仅以 Fe^{2+} 作电子供体,CO_2 为碳源合成有机物,为化能自养型微生物。每氧化 150g 亚铁可产细胞干重 1g。在寡营养的含铁水中,最适合的 E_h 为 +200 ~ +300MV,需要 O_2 的质量分数大约为 1%。温度 17℃或更低,在 pH 为 6 时 Fe^{2+} 稳定。最适合的 Fe^{2+} 的量为 5 ~ 25mg/L,CO_2 的量 >150mg/L。锈铁嘉利翁氏菌在水体和给水系统中形成大块氢氧化铁。

$$2FeSO_4 + 3H_2O + 2CaCO_3 + \frac{1}{2}O_2 \longrightarrow 2Fe(OH)_3 + 2CaSO_4 + 2CO_2$$

$$4FeCO_3 + 6H_2O + O_2 \longrightarrow 4Fe(OH)_3 + 4CO_2 + 能量$$

铁细菌氧化亚铁产生能量合成细胞物质。当它们生活在铸铁水管中时,常因水管中有局部酸性环境而将铁转化为溶解性的二价铁,铁细菌就转化二价铁为三价铁(铁锈)并沉积在水管壁上,越积越多,以致阻塞水管,故经常要更换水管。在含有机物和铁盐的阴沟和水管中一般都有铁细菌存在,纤发菌和球衣细菌更易发现。它们的典型菌种分别为赭色纤发菌(*Leptothrix ochracea*)和浮游球衣菌(*Sphaerotilus natans*),两者形态和生理特征都很相似,只是鞭毛着生部分和对锰的氧化不同,纤发菌有一束极端生鞭毛,能氧化锰。球衣细菌有一束亚极端生鞭毛,不能氧化锰。它们常以一端固着于河岸边的固体物上旺盛生长成丛簇而悬垂于河水中。

趋磁性细菌是由美国学者 Blakemore 于 1975 年在海底泥中发现的。趋磁性细菌的游泳方向受磁场的影响,由鞭毛(单极生、双极生)进行趋磁性运动,它们是形态多种多样的原核生物,形态有螺旋形、弧形、球形、杆状及多细胞聚合体,为革兰氏阴性菌。趋磁性细菌分类为两属:水螺菌属(*Aquaspirillum*)和双丛球菌属(*Bilophococcus*)。它们的代表分别为趋磁性水螺菌(*Aquaspirillum magnetotacticum*)和趋磁性双丛球菌(*Bilophococcus magnetotacticus*)。

趋磁性细菌的呼吸类型有:①专性微好氧类型,形成含 Fe_3O_4 的磁体,如趋磁性水螺菌,简称 MS-1;②兼性微好氧类型,在微好氧和厌氧条件下均能形成 Fe_3O_4 的磁体,MV-1;③严格厌氧类型,菌体细胞内形成含硫化铁的磁体,RS-1;④好氧类型,在好氧条件下形成含 Fe_3O_4 的磁体。由此可见,趋磁性细菌的代谢类型也具有多样性。

趋磁性细菌永久性的磁性特征是由体内大小为 40～100nm 的铁氧化物单晶体包裹的磁体引起的。磁体是由 5～40 个形状均一的 Fe_3O_4 磁性颗粒沿其轴线整齐排列而构成的磁链。磁性颗粒的数目随培养条件、铁和 O_2 的供给量的改变而改变。磁链类似于指南针。磁链的一半为北极杆,另一半为南极杆,指导趋磁性细菌的磁性行为,即北半球的趋磁性细菌往北向下运动和南半球的趋磁性细菌往南向下运动。在赤道附近的趋磁性细菌两者兼而有之。趋磁性细菌的生态学作用尚未清楚。

　　趋磁性细菌最初在海底泥中发现,之后各国学者分别从南北美洲,大洋洲,欧洲,日本的海、湖泊、淡水池塘底部的表层淤泥中均分离到趋磁性细菌,可见分布很广。1994年我国研究人员从武汉东湖、黄石磁湖,1996年从吉林镜泊湖底淤泥中分别分离出趋磁性细菌。趋磁性细菌不仅存在水体中,还存在土壤中。

　　趋磁性细菌磁体可用于信息储存。因趋磁性细菌的磁体具有超微性、均匀性和无毒,可用于生产性能均匀、品位高的磁性材料;还可用于新型生物传感器上。日本将提纯的磁体作载体,固定葡萄糖氧化酶和尿酸酶,经比较其酶量和酶活力均比人工磁粒和Zn-Fe颗粒固定的酶量和酶活力分别高出100倍和40倍。连续使用酶活力不变;在医疗卫生方面,可用作磁性生物导弹,直接攻击病灶,治疗疾病,不伤害人体。

　　氧化锰的细菌中能氧化铁的有覆盖生金菌(*Metallogenium personatum*)和共生生金菌(*Metallogenium sumbioticum*),还有土微菌属(*Pedomicrobium*)。它们能将可溶性的Mn^{2+}氧化为不溶性的MnO_2,其锰、铁产物积累、包裹在细胞表面或积累于细胞内。化能有机营养或寄生在真菌菌丝体上,氧化来自各种含Mn^{2+}的化合物。在不加氮或磷源,含乙酸锰100mg/L或$MnCO_3$ 100mg/L及琼脂15g/L的固体培养基上,与真菌共生培养很容易生长。在液体中呈丝状体,黏液培养基中呈不规则的弯曲。在排水管道中,铁和锰的氧化往往造成水管淤塞。

4.6　活性污泥在污水处理方面的应用

　　活性污泥是一种由细菌、真菌、原生动物和其他生物等聚集在一起组成的絮凝团,其具有很强的吸附、降解能力。

　　活性污泥法的处理过程大致如下(见图4-41):将待处理污水与活性污泥混合后,流入曝气池中,曝气池就是一个大型的通气搅拌式发酵罐;在通气管的不断通气并在搅拌器的不断搅拌下,污水中的污染物被活性污泥吸附,并被好氧微生物降解或转化为细胞物质;同时,微生物菌群大量生长繁殖,并持续作用于污水中的污染物;待污水在曝气池中处理完毕后,可以以溢流方式连续流入沉淀池中;在沉淀池中,由于没有通气和搅拌,污水还可被活性污泥中的厌氧微生物进一步厌氧消化处理;最后,清水可从沉淀池中流出。

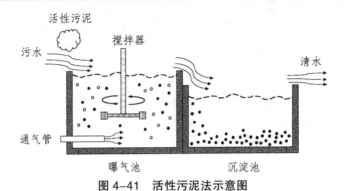

图 4-41　活性污泥法示意图

第 5 章　　问题与展望

5.1　生物资源开发利用中存在的主要问题

　　生物资源是保障经济社会全面、协调、可持续发展的重要物质基础，生物资源的多样性和可再生性源源不断地为人类生产、生活提供了各种物质资源，从食品、医药、保健品、木材、花卉、能源到工农业原料等生产、生活的各个领域。

　　现阶段我国生物能源、医药与健康、农林业、环保产业发展所需的生物资源开发利用还缺乏系统的研究。与欧美发达国家的植物资源研究和开发战略形成鲜明反差的是我国资源开发利用的基础研究薄弱，大多属跟踪型研究，缺乏明确科学问题和产业导向的基础研究计划布局。生物资源开发利用过程中存在的问题主要有：

　　1）对生物资源的收集保存缺乏整体规划和连续性。

　　2）生物资源采集记录信息不完整，数据分散，采集信息的利用率低。

　　3）对已收集的种质资源缺乏有效管理和评价。

　　4）生物资源的利用效率低，没有充分发挥对我国相关生物产业的支撑作用。

　　下面具体分析我国森林资源和草场资源开发利用过程中存在的主要问题。

5.1.1　我国森林资源开发利用中存在的主要问题

5.1.1.1　过量采伐，林区面积不断减少甚至枯竭

长期以来，我国大多数林区搞单一的原木生产，并且不按森林生长量

和蓄积量的多少来合理地确定采伐量,而是按需要确定产量,甚至超计划采伐,每年的采伐量长期超过年生产量。而且只重视采伐,不重视造林育林,更新速度跟不上采伐速度,致使木材蓄积量不断减少。仅 1982—1988 年间全国森林蓄积量就减少了 61.6 亿 m³,成熟林和过熟林的面积及蓄积量减少了 1/3。特别是作为我国重要林业基地的黑龙江、吉林和内蒙古减少近一半。目前用材林中的成熟林和过熟林的蓄积量仅剩下 14 ～ 15 亿 m³,只够再采 7 ～ 8 年。到 21 世纪末,成熟林和过熟林将消耗殆尽,许多林区将无林可采。

5.1.1.2　毁林滥垦,乱砍滥伐

在过去,由于农业上片面强调"以粮为纲",经常发生不合理的毁林开荒事件。另外,许多地方由于农村燃料问题长期以来未能得到解决,农民要砍伐森林当薪柴取暖做饭,尤其北方的农民缺柴较为严重,一些防风固沙林、水土保持林等常被当作燃料而被砍伐破坏。

5.1.1.3　森林火灾频繁,损失严重

森林火灾频繁是使我国森林资源遭到破坏的重要原因之一。发生森林火灾较为突出的是云南省和大兴安岭林区。森林火灾多有自然和人为两方面的原因,但主要是人为原因。我国大部分林区经营管理水平低,规章制度不健全,防火设施差,火灾预防和控制能力较低,因而常出现森林火灾,造成严重损失。

5.1.1.4　经营管理不善,木材浪费严重

我国还有相当一部分森林基本上处于无人管理的自生自灭状态,林况较差,生长不佳,经常出现优良树种被压、不少树木枯朽、病虫害严重的现象。森林管理者没有对森林采取抚育管理、选择优良新树种和集约化经营等科学经营管理方式。在植树造林中,只追求数量,不重视质量,又缺乏认真管理的态度,因而造林存活率低。由于缺乏科学的经营管理,我国森林每公顷每年木材平均生长量远低于世界上一些林业发达国家的水平。

上述问题的存在使我国森林资源不断遭到破坏,质量逐渐下降,满足不了国民经济发展和维护生态平衡的需要。

5.1.2　我国草场资源开发利用中存在的主要问题

5.1.2.1　放牧过度，大面积草场退化

据统计，我国在 20 世纪 50 年代时牲畜不到 3000 万头，而现在已发展到近 1 亿头，增加了两倍多，但草场建设跟不上，优良的草场又遭到大量开垦，因而大大增加了现有草场的载畜量。过去每头混合畜占有草地 $7.7hm^2$，现在只有 $2.2hm^2$，内蒙古每头混合畜占草地不到 $1hm^2$。由于长期的过度放牧，导致可食性牧草再生能力减弱，所占比例下降，而不可食的杂草和毒草的比例越来越高，致使草场退化，产草量下降。与 20 世纪 50 年代相比，目前全国平均产草量下降 30% ～ 50％。近几十年来退化的草场有 1.3 亿多公顷，将近占北方草场总面积的 1/2，占北方可利用草场面积的近 2/3。退化的结果，降低了草场的载畜能力，造成牲畜大量死亡而使畜牧业进入困境。

5.1.2.2　乱开滥垦，破坏严重

牧区和半牧区的草场的经营方针是以牧业为主，但过去不少地区盲目追求牧区向农区过渡，把草场开垦为农田。草场开垦为农田后易遭风沙侵蚀，使农田沙化、碱化、生态环境恶化，造成"农业吃牧业，风沙吃农业"的恶果。草场被破坏的另一种原因是乱采滥挖。在内蒙古、新疆和宁夏等地的草原中，因有甘草和其他多种名贵药材和土特产，每年春夏季节许多外地人来到这里大肆采挖，甚至动用推土机和拖拉机，把草场破坏得千疮百孔，有的甚至变成裸地。

5.1.2.3　经营粗放，生产力低下

我国广大牧区的自然条件差，自然灾害频繁，草场的基本建设进行缓慢。目前我国利用的草场绝大部分是天然草场，人工草场所占比例很小，调节草场季节不平衡和年际变化的能力差，所以抗灾能力很弱。我国牧区有许多地方缺水，牧区的科技和机械化水平低，科技人员缺乏，牧业机械几乎还是空白，基本上是靠天养畜，产草量和单位面积的载畜能力比较低。目前，我国单位面积的草场载畜能力同美、苏等国家相差几倍到几十倍。

5.2　针对生物资源开发利用中存在的问题采取的主要措施

5.2.1　针对森林资源的开发利用问题采取的措施

森林资源在我国的经济建设和生态环境保护中都起着重要作用,但我国的森林资源数量较少,所以合理地开发利用和保护好这一宝贵资源特别重要。目前我国在开发利用森林资源过程中存在一些问题,针对这些问题可以采取如下措施。

5.2.1.1　植树造林,扩大森林面积

据研究,一个国家或地区的森林覆盖率如果达到 30% 以上,而且分布均匀,就能形成比较好的生态环境,既能提供木材,又能在一定程度上保证农业生产的稳定发展。虽然我国目前的森林面积小,覆盖率低,但我国的宜林地并不少,约占国土面积的 27.9%,而现有森林面积仅占宜林地面积的 46.7%,还不到宜林地的 50%。由此可见,我国森林资源的潜力还是很大的,大幅度地增加我国的森林面积,提高森林覆盖率是完全有可能的。根据这一客观情况和需要,结合各地实际,我国《森林法》提出,全国森林覆盖率要达到 30%,山区县一般达到 40% 以上,丘陵区县一般达到 20% 以上,平原区县一般达到 10% 以上。为实现这一目标,经过多年努力,已取得了较大的成绩。目前,我国是世界上最大的人工林国家,人工林保存面积约 3000 万 hm^2,尤其是 1978 年以来开展的"三北"防护林体系工程,使近 1000 万 hm^2 的土地披上了绿装。今后应进一步加快步伐,争取在 21 世纪末使我国森林覆盖率达到 18%。在植树造林过程中,也应因地制宜,讲究实效,保证质量,提高存活率。在各林业基地中,应对荒山进行大规模的造林,以增加我国后备森林资源。充分利用南方优越的自然条件,在南方 10 省区的山地丘陵地区建立人工速生用材林基地,以缓和我国木材紧缺状况。在"三北地带"应进一步加强"三北"防护林体系的建设,逐步改善北方干旱、半干旱地区的生态环境和农业生产条件。加快江河水源涵养林和水土保持林工程建设,提高大江大河中上游的森林覆盖率。在湿润和半湿润的平原地区,加快农田林网化的进程,以改善田间小气候,减轻自然灾害对农作物的影响。

5.2.1.2 科学经营管理,提高单位面积产量

在建立健全必要的森林管理机构的基础上,对森林进行科学的经营管理。要把及时防治森林火灾和病虫害作为森林经营管理中的重要内容之一,增加防治火灾和病虫害的基础设施,提高控制森林火灾和病虫害的能力。同时对森林进行抚育管理,选择适合当地自然条件的最优树种作为更新树种,如生长迅速、材质优良、成熟周期短的树种,以提高单位面积的木材生长量。要处理好森林采伐和造林的关系。一般来说,应该是采伐与造林并举,但在当前情况下尤其应该重视营林,以营造为基础,育林重于采伐。按照合理经营森林的原则,根据森林的生长量和可采量合理确定实际采伐量,限制局部集中过伐。对森林企业应把采伐和育林二者都作为考察企业经营成果的指标,以保证森林资源的永续利用。

5.2.1.3 提高森林资源的综合利用率,节约用材

当前,我国的树木利用率较低,树木伐倒后,只有 2/3 的材积作为圆木运出,其余的枝梢和树桩等采伐剩余物多数丢弃不用,任其腐烂。而这些采伐剩余物是造纸、人造板和许多林化产品的原料,应该加以利用。另外在木材加工过程中的树皮、边角、刨花和锯屑等也可进行综合利用,逐渐提高森林资源的利用率。在以木材为主要燃料的地区,可大力推广沼气、太阳灶、节柴灶等,开展木材代用,以节约木材,减少对木材的消耗。

5.2.1.4 贯彻执行《森林法》,制止破坏森林

我国 1979 年颁布的《森林法》是发展我国林业、保护森林资源的法律。在开发利用和保护森林资源的实际工作中,应认真贯彻执行,对乱砍滥伐、毁林开荒等任意破坏森林的违法行为依法给予应有的制裁。

5.2.2 针对草场资源的开发利用问题采取的措施

草场资源不仅是牧区人民生产和生活的物质基础,而且其中的各种牧草还能保持水土,维护当地的生态平衡。草场尤其是处于干旱和半干旱地区的草原,因其干旱多风沙,时刻面临着风蚀沙化的威胁,所在的生态系统比较脆弱。如果利用合理,保护得当,就可以永续利用。相反,如果利用不合理,或任意毁坏,则很容易造成草场退化、沙化或盐碱化,甚至

成为不毛之地而使整个生态系统崩溃,危及当地人们的生产和生活,所以我们必须合理地开发利用草场资源并加强保护,针对草场资源的开发利用问题应该采取如下措施。

5.2.2.1　加强草场资源的管理和建设

在牧区要进行爱护草场资源的宣传教育,使当地人们懂得草场资源的重要性和破坏后将会出现什么样的恶果。同时制定关于保护草场的法令和法规,禁止对草原的盲目开垦、乱采滥挖等现象。加强牧区蓄水保水等灌溉设施的建设,增加牧业机械。对天然草场进行改良,有条件的可以实行松翻补播,提高其产草量。还应加快人工草场和饲料基地的建设。因为人工草场质量好、产量高,是天然草场的数倍,所以要加快人工种草的步伐,增加人工草场在我国草场中的比例。

5.2.2.2　合理利用, 防止草场退化

今后要建立合理的放牧措施,实行草场轮换放牧或分区放牧。以草定畜,确定合理的载畜量,禁止草场超载放牧,以保证草场正常的再生能力预防退化。发展季节畜牧业是充分利用草场资源的好办法。今后要根据当地情况,加以推广。沙化和水土流失严重地区应退耕还草或粮草轮作。另外,要积极发展地方畜产品加工业、开发新能源,为治理草原提供资金,减少砍搂柴草现象。

5.2.2.3　重视对南部、中部草山草坡的开发利用

我国南部和中部也蕴藏着丰富的草场资源,但目前对其数量还不是很清楚,大部分还未得到开发利用,具有巨大潜力可挖,今后应重视对其开发利用。这些草地多处温暖湿润地区,尤其是南部地区水热条件优越,牧草生长旺盛而且生长季长,产草量高,只要合理经营,可大大提高利用价值。但这些草山草坡分布零散,大多位于山脊、分水岭地段或陡坡上以及林间、树下等交通不便的地方,这给管理和集约经营带来一定的困难。对这些草地的开发利用,首先应开展调查研究摸清各类草场的数量、质量和利用特点,然后制订出合理开发利用的方案。在开发利用过程中,应正确处理好农、林、牧的关系,尤其是山地的林牧关系。合理规划、统筹兼顾、因地制宜,实行林牧结合、农牧结合的方针。放牧应限于已形成的固定草场和近期暂不造林的草山,造林的地方初期应禁止放牧以保护幼林,待林木生长到一定高度后,可利用林间草地和林下牧草放牧。在林缘、林下、

林间、山上、田间,还可以建立人工、半人工草地,采取小型、多点、分散的形式发展草食家畜。同时在有条件的地区,如桂西和黔西的干热稀树草原等地,建立较大的重点牧业基地,进行集约经营。

5.3 生物资源持续利用未来展望

生物资源是维系人类繁衍和社会经济发展最基本的物质基础,是国家的战略资源。国家战略生物资源的储备及其开发利用,直接影响到国家和社会经济的发展潜力及可持续发展能力。21世纪人类面临的最重大挑战之一是如何解决对生物资源的巨大需求和可持续发展之间的矛盾。解决这一矛盾的主要途径是加速发展突破性的生物资源,利用新理论和新技术,发掘广泛存在于野生生物(动物、植物、微生物)资源库中的有用物种、种质、基因,开展种质创新、培育新品种,创造新技术、开发新工艺,实现有用生物物种产业化,以满足社会和经济快速、可持续发展的需求。

一个基因可以影响一个国家的兴衰,一个物种可以左右一个国家的经济命脉。一个国家对生物资源的研究、认识及其开发利用程度是国家综合实力的体现。21世纪,国家之间将面临生物资源的激烈竞争,谁先拥有丰富的生物资源并掌握保护、利用生物资源的新知识和新技术,谁就掌握了主动权。我国是全球生物资源最丰富的国家之一,从我国国情出发,面向未来,综合考虑需求、资源、环境、科技和经济等多方面因素,明晰我国生物资源未来30～50年科技发展路线,对前瞻性部署我国经济社会发展具有重要战略意义。因此,应加强我国生物资源的战略研究、遏止物种消亡,并致力于我国生物资源保护和基因资源发掘利用。合理布局我国生物产业的发展关系到国家的能源保障、食品安全、生物健康和生态文明发展,是国家可持续发展的重大需求,对于构建创新型和谐社会、促进经济和社会可持续发展具有重要的战略意义。

参考文献

[1] 陈集双,欧江涛.生物资源学导论 [M].北京:高等教育出版社,2017.

[2] 丁烽.植物生物关键技术及资源的保护与利用 [M].北京:中国纺织出版社,2017.

[3] 郭凤根,侯小改.植物生物学 [M].北京:中国农业大学出版社,2014.

[4] 丁安伟,王振月.中药资源综合利用与产品开发 [M].北京:中国中医药出版社,2013.

[5] 易美华.生物资源开发利用 [M].北京:中国轻工业出版社,2011.

[6] 于建荣,娄治平.生物资源与生物多样性战略研究报告:2010—2011[M].北京:科学出版社,2011.

[7] 樊金拴.野生植物资源开发与利用 [M].北京:科学出版社,2013.

[8] 姚洪根,费洪标.死亡动物无害化处理及资源化利用 [M].北京:中国农业科学技术出版社,2016.

[9] 曹伟华.动物无害化处理与资源化利用技术 [M].北京:冶金工业出版社,2018.

[10] 牛斌,王君,任贵兴.畜禽粪污与农业废弃物综合利用技术 [M].北京:中国农业科学技术出版社,2017.

[11] 管永祥.农业废弃物生物处理实用技术 [M].南京:江苏凤凰科学技术出版社,2016.

[12] 魏章焕.农牧废弃物处理与利用 [M].北京:中国农业科学技术出版社,2016.

[13] 尹昌斌.农业清洁生产与农村废弃物循环利用研究 [M].北京:中国农业科学技术出版社,2015.

[14] 张兆辉,李宛平.畜禽养殖场废弃物处理指导手册 [M].郑州:河南科学技术出版社,2015.

[15] 朱建国,陈维春,王亚静.农业废弃物资源化综合利用管理 [M].北京:化学工业出版社,2015.

[16] 周凤霞,白京生.环境微生物 [M].3 版.北京:化学工业出版社,2015.

[17] 韩晗.微生物资源开发学 [M].成都:西南交通大学出版社,2018.

[18] 苏俊峰,王文东.环境微生物学 [M].北京:中国建筑工业出版社,2013.

[19] 刘晓蓉.微生物学基础 [M].北京:中国轻工业出版社,2017.

[20] 嫣红,代英杰,彭显龙.微生物资源及利用 [M].哈尔滨:哈尔滨工程大学出版社,2012.

[21] 袁榕.油料资源开发利用现状及研究方向 [J].中国油脂,2014,39（10）:1-5.

[22] 郭雪霞,张慧媛,刘瑜,等.中国农产品加工副产物综合利用问题研究与对策分析 [J].世界农业,2015（8）:119-123,175.

[23] 杨文晶,许泰百,冯叙桥,等.果蔬加工副产物的利用现状及发展趋势研究进展 [J].食品工业科技,2015,36（14）:379-383.

[24] 周亚福,李思锋,黎斌,等.基于层次分析法的秦岭重要药用植物资源评价研究 [J].中草药,2013,44（15）:2172-2182.

[25] 张迪,王振月,于晓菲,等.黑龙江西部草原药用植物资源现状及3种主要药用植物的综合利用分析 [J].中国药房,2015,26（4）:570-573.

[26] 赵宝泉,王茂文,丁海荣,等.江苏沿海滩涂盐生药用植物资源研究 [J].中国野生植物资源,2015,34（6）:44-50.

[27] 王业社,陈立军,杨贤均,等.湖南崀山丹霞地貌区野生药用藤本植物资源及开发利用研究 [J].草业学报,2014,23（3）:85-96.

[28] 肖楠,陈建伟,樊宏弛,等.野生观赏植物资源及园林应用研究进展 [J].安徽农业科学,2015,43（8）:195-199.

[29] 郝凤佩,孔晓玲,尚斌.死畜禽无害化处理技术及设施设备研究进展 [J].中国农业科技导报,2014,16（3）:96-102.

[30] 王邓惠.浅谈病死动物焚烧及烟气处理技术 [J].广东化工,2016,43（23）:90-91.

[31] 周海宾,沈玉君,孟海波,等.病死畜禽无害化处理产物及其应用研究进展 [J].家畜生态学报,2018,39（2）:86-90.

[32] 吴园涛.海洋生物高值利用研究进展与发展战略思考 [J].地球科学进展,2013,28（7）:829-833.